魅术

领导力是修出来的
影响力是炼出来的

苏大卫 著

中华工商联合出版社

◆风靡全球 160 个国家和地区的领导力修炼法则，亿万人都在追捧的内在能量场。随书超值附赠魅力提升手册，30 天，用切实可行的方法让你的个人魅力价值千万！

◆这些年来，我们通过对大量杰出的和领导级人物的调查研究，发现人类有史以来几乎所有的优秀人物都在用同一种方式改变世界并在历史上留下自己的影子。这些优秀人物都体现出了惊人的价值辐射力和让人们无条件追从的能力，而这就是魅力。

◆为什么有的演员演技好却总不红？为什么有的人能力不错却总是得不到升职？为什么有的人拥有足够打动人的商业模式以及良好的运行环境，却拉不到投资……就是因为他没有那种"范儿"——一种能够迅速影响并改变他人的魅力。

◆魅力是指一个人的内在能量场，是包括判断力、洞察力、说服力、自制力、创新力、意志力、影响力等在内表现出来的超级魅力。对于一个人来说，魅力意味着他自身的价值，也包括他拥有的企业的价值。

◆我们的魅力并不是建立在智商和遗传的基础上，也不是建立在财产和社会地位的基础上。相反地，它可以通过个人的努力而加以掌握，并且通过合理的运用得以释放出来，向外界展现这种风度和能力，进而建立起你个人的影响力。

◆魅力首先是对内的，是个人对自己内在的修炼、审视和提升。就像电灯泡一样，电力足了，它散发出的光自然就炽热闪亮。

◆一个优秀的人物，他说的话、做的事，其实和普通人没什么分别，但你会觉得他说得对，做得好。他可能每天只穿一件从小商品市场买来的两百块的西装，但他看上去就是比那些披着几万块华服的人更有吸引力，更能让你敬佩。这是为什么？这就是魅力的价值。它并不体现在排场上、气势上，而是体现在头脑里，体现在举手投足间、一言一行里。

◆一个具有强大魅力的人，他首先必定是一个让人尊重的人；他应该有着无比深邃的内心、高贵优雅的品位、谦和友善的风度。在他的身上，你能看到对于生活的热情和活力，对于朋友的关注和照顾，对于亲人的体贴与温柔，以及对于同事和下属非凡的凝聚力。

◆魅力的本身就是一门学问，它不仅需要能力，还有不少诀窍。也就是说，魅力在很大程度上是可以学来的。本书从普通人的角度出发，在讲解魅力这一概念的基础上，着重讲述如何用具体的方法打造一个人的魅力，并运用这种力量获得更大的成功，让你也可以活出被他人追捧与效仿的成功人生。

◎ 魅力意味着你的价值，也包括你的企业。

　　　　　　　　　　　　　　　　　　——亚当·麦肯
　　　　　　　　　　　　　　　　（凯雷投资集团股权投资顾问）

◎ 魅力就是人脉关系网的中枢心脏。

　　　　　　　　　　　　　　　　　　——凯西·乌诺
　　　　　　　　　　　　　　（美国布莱德利大学教育培训专家）

◎ 魅力不同于气场，气场只是魅力的一部分

　　　　　　　　　　　　　　　　——芭芭拉·安吉丽思
　　　　　　　　　　　　　　　（美国作家，著名人际关系专家）

◎ 如果说潜能是人的内在力量，魅力就是这种力量的外延。

　　　　　　　　　　　　　　　　——安东尼·罗宾斯
　　　　　　　　　　　　　　　　（美国潜能开发大师）

────── • CONTENTS **目 录** ► ──────

什么是魅力？

◎亚当·麦肯（凯雷投资集团股权投资顾问）

　　我与大卫的见面，是在上海陆家浜的一家咖啡馆。本书即将付印之际，他正好来中国参加一场由中国企业家联合会组织的管理培训活动，希望能在企业管理方面继续推广他的见解，为中国的企业管理者和有志于企业管理的年轻人做出一些帮助。而我也在上海经手一个中国公司向美国的风投公司融资的项目。

　　一年多时间没见，我的朋友大卫先生仍然保持着开门见山和简洁直接的风格："来到上海，我像回到了自己的青年时代。我在复旦毕业之后，本想留在本地发展。父母特别期待我在上海扎下根来，做出一番事业，再荣归故里。但是机缘巧合，一个不能拒绝的邀请，让我很快去了新加坡，这一出国，就是二十年。"

　　我们谈到了他在国外奋斗的经历，正如我之前了解并且和他共同经历的。他是一位幽默风趣并且始终保持乐观的人。在出国潮刚刚兴起的时代，大卫和其他中国人一样，怀着雄心壮志出去闯荡。但是，现实永远不会那么完美，理想总是远在天边。

　　"当一个人连自己的基本生存都无法保证时，是很难有心情去畅想未来的。"

　　"是的，麦肯先生，但是我坚持住了。我始终信奉一个道理，一个想爬山的人，他必须猫下腰；你想释放什么、得到什么，都得先学会积水成洋，收拳蓄力。"

　　"这和你在书中的观点是一致的。"

大卫笑道："没错，**对于'魅力'这个概念，我想表现和说明的是一个积累和蓄能的过程**。从表面上看，人们对这个词的理解可能会跟风采、魅力、风度、气场这些外延的、可视的名词联系起来，但我始终认为它是一种内在的能量场。**魅力首先是对内的，是人对于自己内在的修炼、审视和提升**。无论对于企业和个人而言，都是如此。就像电灯泡一样，电力足了，它的光就炽热闪亮。你们看到的是散发出来的光芒，你们会说这灯真亮、真耀眼；但我看到的首先是它的电流，它的电流很强，所以才有这么强大的光散发出来。"我说："这是您对于魅力的权威解释，也算是您对这本书的一个注解吗？"

"应该是比较重要的一个方面，我不想让读者误解了这个与众不同的概念和这本书的最大目的。因为我发现国内有一些相似的东西，提到人的'场'，像魅力修炼和气场修习，等。当然，我不是觉得他们讲得不好，而是许多东西没有说透，而且将其在生活中的应用阐述得过于功利了。"

"比如呢？"我对他的解释很感兴趣。

"一般而言，人们的眼睛都是盯着成功者的。成功了会怎么样，或者一个能够成功的人，他会怎么样？怎么做才能成功？大多数励志书都是围绕着这个话题来告诉你需要做什么。说来说去，总是跳不开成功学的范畴。我并不认为'魅力'是仅属于成功者的东西，你不能只盯着结果。如果一个人在他的生活中只盯着结果，那么他的人生就失败了。我觉得还是要注重一些心灵层面的提升，一个人的内心世界如果修炼到很高的境界，他在生活中的各个方面就一定是幸福的，也是成功的。这就是这本书和那些励志书的根本差别。"

"也就是说，**魅力是针对人的心灵的，告诉大家如何充实内在的'电力'，而不仅仅是一个提升外在要素的工具**。"

"对，一个优秀的人，他说的话、做的事，其实和普通人没什么分别，但你会觉得他说得对、做得好。为什么？因为他自信、直接、坚决。他首先赢在意志力和信心，其次才是能力和手段。他可能每天只穿一件从小商品市场买来的两百块的西装，但他看上去比那些穿着几万块华服的人更有吸引力，更能让你敬佩。这正是因为他内在的强大，而不是他的包装。"

"可是，许多人误以为魅力就是包装。"

"我举一个例子。有一次，我和投行的一位副总裁去见客户。客户的接待做得很到位，无可挑剔，他给出的财务报表和经营状况的材料也没有问题，一切都很完美。但是我们没有把钱投给他，为什么？客户很困惑，他说这个项目很有前途，他的公司潜力很大，经营也一直不错，投资银行为什么看不上？我们的副总裁很抱歉地摇摇头，然后说了一句话：'我们认为，您付出这样的公关成本是非常大的浪费。'

"客户表示难以理解，他很奇怪我们的思路——为什么说这是浪费呢？难道好好招待客人不应该吗，这在中国国内是再正常不过的事情了。招待得不好，可能就会失去这个机会。

"这也正是我们忧虑的，他对于钱的分配，抓不住重点。尽管现在他的企业很好，但我们认为将来仍然会让人担忧。也就是说，我看到你的企业很好，但你这个人不值得我们投资，你太浪费了。

"这就是魅力的价值。它并不体现在排场上、气势上。有的人身上一分钱没有，但他往这里一站，我可能就会觉得他值一个亿的投资——这个价值在他的眼睛、他的头脑里，他的举手投足、一言一行，会给我这样的信心。有些人尽管已经很成功了，有房有车，有不错的企业，很好的项目，可我一分钱都不敢投给他，因为对他没有这样的信任。"

讲到这里，大卫先生对于魅力的解释已经相当深刻，也解除了许多人心中的疑问。对于人们来说，提高自己的影响力，以一种从容的姿态和风采活跃在自己的人生舞台，已经是一种很高的期待。就现实层面来说，像大卫所说的能够影响他人、领导他人的真正领导型人物并不多见。究其原因，就是人们总是错误地将关注的焦点集中到一些功利的领域，将精力与时间投射到那些并不关键的事情上。

为了赢得一份工作，人们花很长时间装扮自己，琢磨如何应对面试官，却忽略了对于这份工作应该有的认知。想要赢得一份爱情，人们海誓山盟、甜言蜜语的同时，是不是也应该审问一下自己的内心是否坚定，对于未来的规划是否长远稳定呢？

人们总说："看，格林斯潘真有气场！"美联储就像他手中的一个可爱玩具，他完全掌控了一切。类似的人物，还有巴菲特、比尔·盖茨，以及柳传志等人。当你羡慕和钦佩他们的风采时，是否想到，他们能够成功的真正原因是什么呢？

正如大卫所言："**一个人的魅力体现在他坚定的信仰、坚强的意志和坚实的步伐上。**在这个世界上，没有人能赢得一切，但至少我们应该学会自信地面对生活，自强地经营自己的人生，赢得人们的尊重，这就是最高质量的人生。一个具有强大魅力的人，首先必定是一个让人尊重的人；他应该有着无比深邃的内心、高贵优雅的品位和谦和友善的风度。在他的身上，你能看到对于生活的热情和活力，对于朋友的关注和照顾，对于亲人的体贴与温柔，以及对于同事和下属非凡的凝聚力。"

每个人都希望自己可以成为这样的人，而且也一定能够做到。这正是本书最大的宗旨。我的好朋友大卫说，他不希望本书仅仅是一个教人"如何成功"的营养仓库，供人汲取油料，而是能给每一位对提升自身的心灵能量充满渴望的读者带来一些裨益和帮助。如此，他就心满意足了。而这，也正是我向全世界的读者推荐本书的初衷。

活出他人效仿的样子

◎大卫

　　今天，我们在评论那些伟大人物所取得的成就时，常谈及他们对于社会公众令人震惊的影响力和"改变的力量"。人类中的佼佼者总能轻易领导和改变他人，制造一场属于自己的领导风暴，比如政治人物拿破仑，或者商业天才比尔·盖茨。我们认为，人类有史以来，几乎所有的优秀人物都在用同一种方式改变世界，并在历史上留下自己的影子。他们无不体现出惊人的价值辐射力和使人们无条件追随的能力，他们活出了让他人追捧效仿的样子。而这就是无与伦比的魅力。1996年，我初到美国并进入凯雷投资集团任职普通的业务顾问时，结识了现在的好友、凯雷公司的股权投资顾问亚当·麦肯先生。我第一眼看到他，就知道和他成为朋友是我无法拒绝的选择，也是没有人可以抵挡的诱惑。因为麦肯即便只是远远地看你一眼，你也会感受到他绅士般的自信和浓浓的善意。

　　"我能帮你什么吗？"或者是，"如果您有哪怕一点儿很小的需求，我也可以为您效劳。"他不开口说话，你也能从他的眼睛里面看到他对你的关注和希望为你做点儿什么的热情。

　　在接下来的三年时间里，我们成为最默契的同事和最好的朋友。他给予我的帮助，时至今日仍然受益无穷。当时便使我迅速地融入公司，并引领我成为一名像他一样优秀的投资顾问。我离开凯雷投资集团以后，始终和麦肯保持着友好的关系，经常互通电话，了解彼此的情况，定期聚会，而且依然有一起共事的机会。

如果你问我对亚当·麦肯的具体评价，我会告诉你："他就像一盏黑夜中的明灯，当你在深夜打开房门的时候，你第一眼就能看到他并能体会到他闪亮的光芒。你会发自内心地赞叹，啊，他在那里！或者你会说，那个人是他呀！他总是会成为某个地方的焦点，即使他身处角落，不起眼儿的身影也能越过无数人的阻隔，让你不由自主地看到并注意到他。你会觉得，这个人值得交往，你会第一时间涌起与他交谈的冲动，想听听他对某个问题的看法，而且你会非常看重他的这些观点。"

每个人都在自己的生活中怀有这种强烈而又奢侈的愿望，他们希望通过展示自身价值以获得存在感，期待可以成为某一场合或领域内的焦点，释放强大的吸引力并引起人们的关注，让自己成为领导或发挥影响力。问题是，人们往往很难心想事成，在体验成就感和追求影响力的过程中，经常表现得不伦不类——大多数人错误地走向某些失去控制的极端，他们要么表现得极其自大，要么沦为令人嘲笑的小丑。像麦肯这样既有强大的个人魅力又不会令人感觉不适的"魅力"之士，在我们的生活中少之又少。

有一次，我去"总统俱乐部"（凯雷公司总部的别称）旁边的超市购买一些东西。超市的人很多，结账时排了很长的队伍，超市的结账系统又不合时宜地出了点儿毛病，速度很慢。大家都很焦急，不时地向前探望，希望收银员的效率能再高一点儿。

在我的身后站着一位先生，好像就在附近上班，拎着一个大袋子。他开始大声地催促收银员，不停地嚷着："嘿，快点儿！小姑娘！你知道一分钟对我意味着什么吗？这会让我损失掉整个超市，我不能在这种可恶的地方浪费一秒钟。快让我付钱离开，我马上要赶去机场！"

人们惊讶的目光聚焦在他的身上，纷纷打量着他，从头到脚。大家的眼神所表达的含义是一致的：哇，这个人好特殊，一分钟的损失快赶上这个超市的价值了。他好有钱，真是个大人物，可这么令人憎恶！

尽管他努力向人们传达一种信息：我和你们不一样，我很重要！但是包括我在内的所有人都会认为：这是一个粗鲁无礼的家伙，真的很让人讨厌。我们从中可以看到，一个人就算具备制造轰动效应的本事，他要树立正面的形象和展示良好而使人赞赏的风度，需要做的仍然有很多，但绝不是这种出格的行为。

擅长制造轰动效应和成为焦点人物，并不属于"魅力"的核心要义。相反，有时它们对你可能是负面的伤害。你渴望什么，希望得到什么，或让人知道你的哪些优点，展示自身的能量，只能表明你的单方面意愿。如何塑造自身积极的能量场，与周围的环境完美融合，才是我们真正要关心的问题。

我很出众。

我非常善良，满怀善意。

我对你们很重要。

此三条对任何人都非常重要，但这远远不够。渴望展示魅力的意愿，与我们实际能够做到的颇为不同。如果只是心存渴望和一厢情愿，就会频频产生心理落差。你需要将它们连接起来，整合进你的心灵和能量系统，并有序释放，才能使你居于高处，成为漆黑室内的一盏明灯。

我相信，渴望成为领导的雄心是值得嘉许的。但是，并非每个人都具备相应的素质。人们总倾向于去信任那些能在短时间内做出决策的人。

快速的决策力显然是魅力的一种，正如我们所熟知的优秀的商业人物，也许你的身边就有类似的人。你的上司、同事、朋友，他们做得相当不赖，令你非常钦佩。与此对应的是，能够尊重他人的意见再做出自己的决定，并拥有专业与职业的缜密思考的习惯，看起来同样非常重要。

很显然，你需要发现其中的奥妙之处。善意而独立，果断，而且拥有崇高的追求，并能树立一个伟大而有价值的目标，清楚自己要去哪里，都是令人尊敬和乐意追随的品质。

这些年来，我们通过对大量杰出和领导级人物的调查研究，发现他们一般都具有如下的共同特点：他们明白自己的动力来源，并深刻地挖掘相应的潜在能力；他们具备洞察生活的能力，同时欣赏生活；他们是积极的，意志力强大，且足够坚忍；他们始终保持着源源不断的创新意识，乐意为了突破障碍付出更多的努力，并及时转变旧思维。

在他们身上，你看不到内向和优柔寡断——这正是一般人毁掉自己的人生中许多良机的坏习惯。多数人终其一生都在与之搏斗，但胜算无多。他们亦与啰唆、胆怯和惆怅绝缘，无论多么重要的事情，他们在一分钟内就能说清楚，然后把握良机。他们果断自信，行动迅速，对于要害问题的把握总是敏捷精确，就好比感冒时你只能狂吃药片，他们却会关上窗户将凉气挡在窗外。他们可以从容地解决各种复杂的问题，不会像很多人那样无所适从。不管何时看到他们，你都会发现他们神采奕奕、充满活力。他们的热情可以唤醒你的内在力量，帮助你重新燃起战胜困难的希望。他们是好的倾诉对象，也是值得信任的师长、朋友和工作上的引航员。

跟在这样的人后面，无论做什么，你都充满希望。

这就是魅力，是人的"场"，也是人的"价值"。

从亚当·麦肯的身上，我们其实已经看到了优秀人物成功的秘诀。他们富有旧式的美德以及最新式的方法。现在我可以告诉你，魅力本身就是一门学问，它不但需要能力，还富含丰富的诀窍。也就是说，魅力在很大程度上是可以学来的。你能像学习其他任何一门艺术一样，提升自己的风度和魅力。当然，它是一门高级的艺术。

面对自己，你要懂得制订目标，并且深知自己是谁，能做什么，以及想做什么。

你一定要可以掌控局面，及时地采取措施、发布命令，而不是坐在那里思考，不管面临怎样紧急的状况。

你需要顺应时势，清楚规则。对于环境，你既能适应，又懂得如何将之改造，如鱼得水。

你必须是一个坚决和果断的人，从不将自己的责任转嫁给别人或者下属。

你富有真诚的力量，善于交谈和达成妥协，切实让利，并照顾团队。

简言之，如果你面对的和看到的是一个真正令人着迷的人，他是从来不会说"也许""可能""我大概可以"之类模糊不清的话语的。即便他不明确地发出指令和直接表达意愿，也能让人感受到清楚无误的力量。当多数人在日常生活中判断不清状况时，他可以拨开迷雾，为你指明方向，让你为之折服。

你想成为这样的人吗？希望本书能为你提供一些方法。同时，期望我们的观点和努力能够帮助每个人展现自己的优秀，在这个世界上成为一个魅力四射的人。

CHAPTER 01
魅力的内核

魅力的第一重内核就是自我认知。我是谁，我能做什么，我有哪些优点，这比别人对你的看法更重要。

认识你自己

自我认识：定位

1. 尽可能了解真实的自己

现在如果有人突然问你一个问题："你是否真的了解自己呢？"

你当然能够这样回答："有什么可怀疑的呢？我一定很了解我自己，有些方面我是很出色的，充满了自信和活力，我相信没有人做得比我更好，我确信自己是一个很棒的人！"

我知道，大部分的人都如你所想，亦会如你所答。但现实中，我们发现情况并不是这么理想，因为并不是每一个自信的人都能在他所擅长的领域引起广泛的关注，或者达到可以影响别人的程度。比如，成为权威人物，或让人视为师长、模范和领导级的人物。

人们在公共场合通常倾向于察觉自己的不足，而非体现积极的影响力，这是非常普遍的习惯，他们觉得要展示自己很难。与其尽力表现，不如默默地观察和服从于比自己"强大"的人。正因为如此，我们才斩钉截铁地认定，那些光芒四射的优秀人物，是可望而不可即的。所以，在关键场合的自信其实是一种稀有之物，并不普遍存在。

自信的前提是认知自己，哪怕只是初步的认知。如果你不清楚自己到底是怎么回事，展示你的魅力将成为一种奢望。

我还发现，即便再怎么自信的人，在回答了上述问题后，如果我接着问他（用强调的口吻）："真的吗？"他可能也会有产生稍微的疑虑。我能从他的眼神中看到这些，他明显不太确定，以为我发现了他内心的弱点，害怕我已窥视到他脆弱的内心。

如果我继而提出一系列问题：你真的感到快乐吗？你充实吗？还是只对自己每日的生活进行忙碌的机械填补，总是难以明确生活的意义？你的奋斗目标可以实现吗？你能够客观地评价一下自己吗？你对自己的评价、对自己的认知，跟环境、他人、上司、同事、朋友、家人的评价是吻合的、一致的吗？

那么，他可能变得完全不自信甚至自卑起来。我能看到他的心在颤抖，勇气在消退，信心在减弱。

结果是，他推翻了以前对自己的所有定位。他现在感觉到，自己原来并不像想象得那么棒，原来自己有这么多的弱点，自己是多么无能啊！接下来，我们就会看到他的转变，他眼神中的光彩瞬间就减弱，乃至消失。

他再也无法成为焦点，而且会退回到一种"紧缩在角落"的状态。

如果你也有这种反应，说明你距离我的要求还很远。

魅力的第一重内核就是自我认知。我是谁，我能做什么，我有哪些优点，这比别人对你的看法更重要。许多人经常在抱怨：你看那家伙误解了我；别人曲解了我；他们不理解我；我真的是想帮助他，但他为什么不领情呢？

他苦恼不已，每天牢骚不断，但这些情绪对他毫无益处。他怀着这些消极情绪出现在众人面前，全身都是刺，令人望而却步。

所以，当你问我什么是魅力的时候，我的第一个回答一定是，请你先了解自己，而不是去研究别人。你只有深入真实地了解自己，才能确信你有多么强大的内在能量，你能在多大程度上去影响和改变他人。一个人的魅力来自他的自知和自信，而不是别人的评价。无论对于哪个行业的人来说，这都是一条最基本的规律。真正的强者都是最善于审视自我的。研究透了自己，你才能去驾驭和影响别人，进而改变这个世界。

2. 塑造自己并不难

定位并不是一成不变的，它并非你携带一生的标签。一个强大的人明天可能就会自卑，一个平庸的家伙过几天很可能令你刮目相看。

魅力是一个动态的概念，这是因为每个人都有塑造自己的机会，而且随时随地都能开始。

有一位长跑运动员，去参加一个五人小组的比赛。赛前教练对他说，据我了解，其他四人的实力并不如你。于是，这名运动员轻松地跑了第一名。后来，教练又让他参加了一个十人小组的比赛，教练把其他人平时的成绩拿给他看，他发现别人的成绩并不如自己，他又轻松地跑了第一名。

他很自信，这种自信来自赛前的成绩单对他的鼓励。这就是自知随后产生自信并影响结果的表现。再后来，这个运动员又参加了二十个人的小组比赛。教练说，你只要战胜其中的一个人，你就能取得胜利。结果，比赛中他紧跟着教练说的那个运动员，并在最后冲刺时尽全力超过他，又取得了第一名。

最后，比赛又换了一个新的地方。这次，关于其他运动员的情况，教练并没和他事先沟通，而是让他自己去设想和发挥。在五人小组的比赛中，他勉强拿了第一名；之后的十人小组的比赛中，他滑到了第二名；二十人的比赛中，他仅仅拿了第五名。可实际情况是，这些人的水平和第一次没什么两样，平时的成绩差不多，但结果完全不同。

这说明，一个人的动力，主要出于自信。你确信自己非常出色，你在实际的表现中就发挥出众，无论气势还是最终结果，都会有一个非常不错的表现。一旦你给自己一个比较低的定位，塑造的难度就凭空增加了。你会忐忑不安：我行吗？

我行吗？生活中的我们往往就是这样。我们容易高估对手的能力，从而抑制自己的光芒。这是逆向塑造——从优秀逐渐变得平庸，从自信变得自卑。一个小时候很张扬的人，经过十几年的成长，他在大学时可能变成一个老实巴交、事事缩头的人。

一个具有强大魅力的人，一定具备超强的自我塑造能力。那些成功的领导并非都是上帝偏爱的子民，大多数人的成功都是后天努力得来的。他们知道自己的天赋是什么，知道怎样将自己的专长发挥到极致，知道自己真正想要的是什么，知道怎样一步步达到目标。同时，他们还知道自己不擅长的是什么，以及怎样在关键时刻避免损失！

这就是魅力得以塑造的前提——自我定位。李开复说过："一个人要有勇气改变可以改变的事情，有胸怀来接受不可以改变的事情，有智慧来分辨两者的不同。"但凡做到这一点的，他们通常具有无比的自信，并且可以朝积极的方向塑造自我。

3. 区分和定位

我知道，人们在阅读成功学书籍时，满脑子都是成功的欲望。这并不错。但是如何成功？在哪一行成功？想做到哪个职位？是领导人还是职业经理人？他们并不确定。

有一次，我问公司的一位新职员——他在自己的入职简历上表现得野心勃勃且充满了雄心壮志："小伙子，你未来想干什么？"

他毫不犹豫地告诉我："我想成为投行界的明星，我认为自己可以做到！我丝毫不怀疑自己的能力，我一定能像前辈一样成为其中重要的一员！"

"那么，你是否想过自己最擅长什么？交际？口才？创意？营销？人脉？你是否拥有合适的协作者？"

他没有回答。我知道，他在两年内不会找到任何答案，因为他还没有学会对自己的能量进行区分和定位。

你只有为自己的能力找到最合适的去处，才能将这些电力释放出来，成为黑夜里一盏闪亮的明灯。

一个不会给自己划定类型和确定方向的人，拥有的能量如同封闭在水库中的水，虽然容量巨大，但只能成为一潭死水。

区分的过程并不枯燥，但有些无趣，因为它理性刻板，严格得不许你犯一丁点儿错误。当你面对前程迷茫而无所适从时，你可以将你自己以前的经历拿出来，对它们分门别类，然后你要选出各类经历中个人最关注的部分：你的兴趣和优势。

记住，你只能选择一个或两个。

区分的目的，是找到你最感兴趣和最擅长的领域，你的智能天赋的所在。最失败的经历就是你最没天赋的领域，最成功的"兴奋点"——每当提起就让你感到快乐和自豪的那件事，就是你最擅长的。

人们征服别人的往往是自己的特长，做一个最突出的人，而不是最渊博的杂家。就像我一直告诉别人："比尔·盖茨为什么让你膜拜？因为他创造了微软，而不是他赚了很多钱。"

区分自己的能量，是为了打造自己的"微软"。这不是为了让你成功，而是为了帮助你发出属于自己的光亮。

人的自我定位需要跟上理想的脚步，尊重内心的理想，并对它锲而不舍。你要坚持自己最清醒的认知，以使自我定位不偏离最正确的自己。同时，你还得灵活地对待人生的转折期，明白自己应该扮演的角色，才能华丽转身，使自己不管在什么时期都可以"最重要"，为人所倚重，体现你的影响力。

意志力：决心

强与弱的分水岭在于意志力的差异：那个总是赢的人是一个意志坚定的家伙，而你却意志薄弱，"决心"在你这里是很难种植和收获的作物。汤姆森说：

"既然是意志力为思考创造了能够发挥作用的空间，那么意志力就高于思考能力，并因此而拥有控制和指挥思想的权利。作为人体和人行为本身的最高指挥官，应该由意志力来掌握人生的统率权。一个人如果总是能跟随着意志力的指引来进行思考，在偏离意志力的引导时总是能及时醒悟，而不是根据简单的条件反射来随意进行判断，那么他的人生目标将是非常明确的。一个已养成良好习惯并总能按照目标的要求来思考和行动的人，其言行必然是与目标一致的。这样的人，谁能与之争锋呢？"

你常感叹有些人天生就像为了当领导而存在，他们比你更容易被推上领导者的位置。差距也许是多方面的，但其中至关重要的一项，是他拥有"决策"的能力——这是人类社会的少数精英才具备的能力。他的决心远比你来得快速和坚定，在困难和复杂情况面前的承受力，他远强于你。

制订策略的执行方案，通常是一个漫长且复杂的过程，这需要集中所有的精力去整合组织内部的资源，安排和管理人员，应对内部与外部的多变环境。如果缺乏强大的意志力和志在必得的决心，决策与执行都可能半路夭折，梦想只能打水漂。

因此，一家好的公司一定需要卓越的执行力，它的团队一定是经过千锤百炼的，并由优秀人物来领导的出色的事业平台。

在这个过程中，领导级的人物所展示的优秀魅力一定具备下述三项因素：

1. 积极坚定的意志，是可以让每个人在关键时刻平静下来的定心丸。
2. 强烈的企图心，不达目的誓不罢休。
3. 对团队的凝聚作用和感召力，时刻给予人们鼓励和安抚。

他知道，要想收获影响力，就必须为团队规划积极的前景，增强团队成员的信心。他还知道，一切取决于艰苦漫长的执行，必须始终不停地向预定目标前进，不管遭遇多大的困难，都应竭尽全力克服。

同时，我们也有太多失败者的例子：他们并非败给了对手的实力，而是自己的意志不够坚决。在赢得尊重和获取名望这一方面，内在的品质比你预定的目标和拥有的财富所起到的作用更加重要。

一个意志脆弱的人哪怕拥有五十亿的财富，也远不如一个意志坚定的身无分文的穷人令我尊敬。因为钱再多都是会花光的，只有意志力才能令你终生受益无穷。

激发策略：手段

解决问题需要手段，释放自我能量当然也需要合适的策略。

人在激发自我能量的过程中，内在的激发通常有三种手段：沟通、激励和命令。这三种方式既是手段，同时也是先后的次序。你要善于与心灵沟通，进行认知和定位，然后让能量向正确的方向释放。

外在的激发则是另一种模式：指挥、激励和沟通。管理者要拥有指挥员工从事某种工作的气场，同时还应擅长激励和沟通，使员工体现出执行力，作用于他们的心理，激发他们的动机，推动他们的自主行为，通过这些措施展示你的领导者魅力。

不少管理者认为，管理的好坏取决于物质对员工的激励是否成功和有效。使用金钱驾驭员工虽然很有效果，但这与你的魅力有什么关系呢？优厚的薪酬和奖励只能用来留住员工，无法建立你在员工心目中的风度和影响力。

有一群兔子在寻找食物，兔王发现部分兔子在偷懒。于是兔王宣布，表现好的兔子可获得他特别奖励的胡萝卜。此后，许多兔子就设法去讨兔王的欢心，甚至不惜弄虚作假。

兔王一看这样不行，太混乱了，赶紧又制订了新的奖励方法：按照采集食物的数量进行奖励。于是，兔子们的工作效率大有提高。但是时间长了又不行了，因为采集过度，周围环境变得糟糕。有些老兔子跑过来提建议说，大王，您这种方法不利于兔群的长期发展。兔王一想确实是这么回事，开始反思。

后来甚至出现了更加严重的问题：如果没有高额的奖励，谁也不愿意劳动。兔王万般无奈，只好宣布，凡是愿意为兔群做贡献的志愿者，都可以领到一大筐胡萝卜。这个办法一经公布，兔子们纷纷来应征。可是结果是什么呢？这些报名的兔子中谁也没有完成任务。

兔王特别生气，愤怒地责备它们。兔子们却异口同声地说："大王啊，既然我们的胡萝卜已经到手了，谁还有心思去干活呢？"

你看，这肯定不是一只受尊重的兔王。因为它不清楚如何树立自己的权威，也不知道怎样激励手下将工作干好。它使用纯粹的物质奖励，非但没能起到激励作用，反而使兔子们变得好逸恶劳。

只有满足人们内在的需求，才能成功地实现激励，并借此树立自己的影响力。比如，优秀的管理者必须懂得教会员工自我激励，而不是用物质和命令催促他们前进。所有出众的领导，都是善于帮助员工成长的人。他们擅长挑选最合适的人，放到最恰当的职位上，用自己的信仰和价值观去影响他们，用自己的人格魅力去征服他们。

找到自我存在感

渴望竞争是一个人超凡的自我意识和存在感的体现。你很难想象，一个人回避竞争还可以得到别人的尊敬，并成为最后的赢家。

大凡优秀的商业人物，无不是在对竞争的渴望中杀出重围，笑到最后。只有庸者和光芒黯淡的人才惧怕遇到对手，只想待在一块安全的地方，享受有限的阳光。

"我知道自己不能退却，只要我在挑战面前稍有犹豫，我的团队就会失去信心。"对于站立在风口浪尖的优秀人士来说，他是当仁不让的主帅和旗手。

如果没有足够的热情和拼杀的激情，就没有资格成为一个在团队中富有感染力和凝聚力的人，魅力又从何谈起？

一只强悍的老虎生活在山林中，如果没有了强敌，它当然可以随时享用那些弱小的动物，而且完全无须时刻保持机敏和警觉。如果你是这只老虎，你一定生活在快乐和安逸中。你会想，生活真美好，你看我愿意怎么睡就怎么睡，想怎么吃就怎么吃，没有天敌威胁我，猎人也找不到我，多么自在的日子啊！

但是你这么想就错了。过不了多久，你就会变得萎靡不振，失去生存的动力。直到有一只和你一样凶猛的老虎闯进山林，与你争夺地盘，你才能重新迸发出活力，再次纵横在山林之间，找回昔日的威风和霸气。

老虎的王者风范源于它的生存压力和竞争压力，人的风采和影响力同样来自对竞争的渴望，以及参与激烈搏杀的动力。

如果一个人缺乏竞争意识，自然就不会有奋斗和进取的动力，这样的人一定逃不过平庸和被淘汰的命运。

比尔·盖茨创建了微软帝国之后，无疑已经获得了巨大成功，但他没有考虑如何享受人生，而是继续拓展他的商业领土。微软这几十年的发展证实了一切，正因为比尔作为领导的不断激励，挑战新的高度，才使得他在世界富豪排行榜上占有一席之地，而且成为全世界无数年轻人崇拜的对象。

远离对手不是一件好事，这会损伤你的魅力值。只有欢迎竞争对手的人，才具备领导的资格，以及有条件成为一个可以释放模仿效应、引导和改变他人的优秀人物。

麦肯曾经告诉我，一个没有对手的人必然要失败，就好像没有配角的戏剧同样没有人爱看一样。在激烈的生存竞争中，往往对立的双方都是胜利者。人们喜欢强者，更喜欢那些不惧竞争的人。我在对一些企业的管理者进行培训时，也曾明确地表达过这样的观点：一旦你的公司不再面对真正的挑战，你也就很少再有机会保持活力。优秀人物的魅力大多来自"他有许多竞争对手"，而不成功的管理者往往是因为他不再面临激烈的竞争。

这种情况有两种可能：

1. 他击败了所有的竞争者，失去前进的动力。
2. 他被对手轻易地击败了，没有人瞧得上他，同样失去了继续前进的理由。

这两种结果都会严重地损害一个人的心态，以至于让他不再能保持一种极佳的能量平衡状态。因为没有了竞争，他和团队不再有高水准的表现，失去了敏锐和出色的头脑，从而距离精明强干越来越远。

总而言之，只有对竞争充满渴望，你才能不断地寻求新的答案，并在此过程中活力四射，光彩照人。

因此，**竞争意识是一个人强大魅力和出众魅力的必备特质。**正如美国管理大师唐纳·肯杜尔所言："有很多人生活苟且，毫无竞争之心，最后抑郁而终。对于这类人，我只能感到悲哀。打从做生意以来，我一直感激竞争对手。这些人有的比我强，有的比我差，但不论其行与不行，他们都使我跑得更累，也跑得更快。"

竞争比利益、野心和荣耀更能推动一个人的成长。你只有敢于竞争，才有可能建立真正的自信，由内而外散发出无与伦比的魅力。

自我决策力

如果我们把执行力比作一双手的话，那么决策力就是一个人的大脑。决策能力是魅力的重要品质之一，是一种系统而核心的能力。对于魅力的提升者而言，这种素质首先来源于你对决策素材的自我积累，对于决策思维的千锤百炼和决策框架的持续构建；其次，也源于你的判断力——依据日常的观察和决策情境得出的对于事物和形势的准确判断。

一个优秀人物，能够决定自己的命运，并且懂得如何策划、执行自己的人生。

由此可见，一个优柔寡断的人不会有什么魅力可言。决策力的形成绝非一日之功。如果你要成为决策高手，为此要付出不懈的努力。许多人只想着每天付出八小时工作，其余时间享受生活就足够了。请相信，他们是无法真正承担起自己的人生和命运的。

一位法国哲学家曾经提出一个例证：假如有一头驴子站在两堆同样体积和同样距离的干草之间，如果它没有自由选择的意志，不能决定应该先吃哪堆干草，它就会饿死在两堆干草之间。

当然我们知道，现实中一头驴子很难就这样饿死，通常它会很快地做出一个决定。但残酷的现实让我们又不得不承认，有不少人在需要自己拿主意和做出一个决定时，真的会进退两难和束手无策。

决策者应该遇事则断，毫不犹豫，在复杂的环境和情景中，应该及时地做出各种应变措施和决定。当他们需要做出一个选择时，绝不会含糊和拖泥带水。一个能够应对命运挑战的人，必须具备这样的心理素质。人们喜欢跟随能够果断决策的人，这样的人也最有机会成为优秀的领导人物。

人的一生不管是从事领导工作还是一般工作，会发现所有事情的核心其实都是决策，或至少都与决策有关。唯一的不同，只是决策的内容有所差异。在一般人的理解里，人在决策时是依靠自己的知识和智慧进行某种选择；而在更深的层面，决策其实更像一种与命运博弈的能力。

说到这里，你也许会问一个关键的问题：如何才能提高自己的决策能力呢？其实要提高决策能力并不难，这取决于一个人的思维能力，以及对于客观事情的把握能力。思维能力也并不复杂，我们把它剖解开来，会发现它是由一些基本的因素构成的：

○ **集中注意力**

○ **抓住关键问题**

○ **清晰和全面地理解问题**

○ **准确地把握方向**

你要了解问题发生的时间、原因、状况，以及这些问题造成了哪些影响，将来又会引起什么反应。掌握和分析这些细节，是影响决策质量的关键。

我在美国从事咨询工作时，经常可以看到许多管理者的错误。他们往往仅凭着片段的信息、片面的说法以及个人的直觉判断，立即做出某个决定（事实上这是错误的，后来的发展也证明了这一点），而他们还对此夸夸其谈，认为自己的决断力十分出众。

当有些公司的管理者向我反映他们的"遭遇"时，我注意到一个情况：在执行决策的过程中，接收真实情况是最重要的，但他们往往没能抓住真实的信息就做出一个决定。就好像你决定去看一场电影，赶到电影院才发现，原来不是晚上七点上映，而是下午四点，错误的信息接收让你错过了电影。

　　这是很多人容易犯的错误，他们的决策能力虽然很强，但对事态发展的把握能力很差。他们不但掌握不了详细真实的信息，也无法精确地预测事态的走势，并且有些人在事后也缺乏反省。他们倾向于把自己决策错误的过程彻底地忘记，不想再提起，也不愿意检讨。更有甚者，会讨厌一切重提此事的人和行为，以蛮横和强权的态度来掩盖自己的错误，造成了一个又一个决策悲剧。

　　你在下定决心时，不能谁的意见都听。你可以允许下属自由地表达自己的意见，但最终只能形成一个统一的意见。决定一旦形成，你就要激发自己乃至整个团队的全部能量去好好执行。

自我实现力

简单来说，"自我实现力"是一个人对于人生"自我实现"的满足能力。从根本而言，就是你想做什么只是基础，你能做什么和如何实现人生愿景，才是这种"实现力"的体现。

马斯洛曾说过："它可以归入人对于自我发挥和完成的欲望，也就是一种使他的潜力得以实现的倾向，这种倾向可以说成是一个人想要变得越来越像人的本来模样，实现人的全部潜能和欲望。"

一个可以自我实现的人，必然是有创造力和富有弹性的。他可以随着环境的改变而改变，为神秘、神奇、浮动等状态所吸引，并能处之泰然。在他遇到突发事件时——这时最能考验他的应变能力和处理复杂境遇的本领，他也知道自己有能力应付，并不会感到惧怕。

简言之，他不但拥有强大的自尊，而且确实能成为自我行为的操纵者，担负起命运的责任，并真正成为自我命运的决定者。

请想一想，你是这样的人吗？

魅力的主体是人，一个人自我的目标则是激励自己的动力、欲望及想象力，把它们发挥出来，然后形成自己的影响力。为什么这样讲呢？因为这个表述可以很明确地指向人的自我实现过程。对一个优秀的人尤其是管理者来说，他不仅要关注自己，还要关注团队。

领导人物要以团队的自我实现需求为己任，或者说，以此作为终极的追求目标。他要能够为追随者的自我实现创造条件，并且引领一群人成功地走向这个伟大的结果。

自我实现力的基础是愿景，愿景的建立其实非常容易，但不是每个人都能正确地规划自己欲望的方向以及人生目标。

第一步：你需要搞清楚自己有哪些愿望，也就是罗列出你想完成的每一件事。

1. 为我自己考虑，或从我的团队出发，我想要这个世界有什么变化？

2. 我是否希望被人崇拜并永远记住？

3. 如果我能设计自己的将来，我会怎么做？

4. 我推崇什么样的使命，希望拥有什么样的工作？

5. 我的优势是什么？

6. 如果我全身心地投入了自己最渴望的工作，十年后的我会是什么样子？

7. 我理想中的团队应是什么样的？我认为目前它应该如何改进？

第二步：假如你正领导一个团队，你有必要搞清楚团队成员的愿景。

1. 他们理想中的公司是什么样的？

2. 适合他们工作的团队应该具备哪些特点？

3. 他们心目中最好的工作场景是怎样的？

4. 他们未来五至十年的计划，以及对团队的展望是什么？

5. 他和他家人的愿望会告诉你吗？

6. 什么样的事情会让他在半夜醒来，他会对你说吗？

搞清楚这些问题，可以让你看到团队成员隐藏在背后的模样，有助于你激发他们的全部潜能和欲望。成功地做完愿景调查之后，我们就要开展下一步的重要工作：描述并且传递愿景实现后的美景。

无论对你自己还是你的员工，愿景的有效传递都需要用具有画面感的语言来表述它，使你和员工都可以在大脑里自然而然地浮现出愿景实现后的美景与美好感受。人们产生了美好向往，才会努力地去实现，遵守计划并积极进取。

每当想起或看到这个愿景的描述，人们就会在头脑中形成特定的图像，产生身临其境的感受。"这个场景真是太吸引我了，这是我毕生的目标，我要实现它！"这种感受会不断地刺激和强化人们为之付出行动，从而激情地投入，直到实现！

当你能够不断地寻求一个更加充实的自我，去追求更加完美的人生，就像一粒种子埋进了土壤，开始发芽成长。这样的过程，其实就是一个人"自我实现"的过程。在专业的心理学课堂上，你会觉得这很复杂，但当我们用形象的比喻帮助你理解它的发生机制和运作原理时，你就能明白，其实它是如此简单。

假如你是一名领导，那么在自我实现和引领你的团队走向自我实现的过程中，你最重要的作用就是扮演一名与各种坏习惯和不良情绪战斗的勇士。你需要引领你的团队成员打败这些东西——它们破坏人的自我实现的动力，并使人产生持续的惰性。你推动着整个团队及团队中每个成员更高级的需求的实现，从而展示你无与伦比的魅力。这正是一个优秀人物的影响力及其伟大所在。

CHAPTER 02
魅力的来源与扩散

一个人只有具备一套强大完善的价值观，其所作所为都与这个价值观保持一致，并且表现出强大的自律精神的时候，才能开始领导和影响别人，才有资格管理一个团队，才有赢的希望。

影响力靠什么产生

我们将开始谈到"魅力"最重要的"果实"——影响力。我们看到政治家运用影响力来赢得选举，商人运用影响力来兜售商品；即便街头普通的推销员也能运用一些必要的影响力，诱导顾客乖乖地签下订单。

这到底是为什么呢?

为什么当一个要求换作另一种方式提出来时，人们的反应就会从负面的抵抗变成积极的合作呢?

这就是影响力所产生的巨大效果之一，它可以使人具备某种无法拒绝的吸引力，营造一个强大的磁场，将你笼罩在内!

充分具备这一能力的人，表现得极具说服力。他是劝说的高手，而另一些人则只能听从其引导，使他总能达到目的。抛开目的的善恶不说，我们感受到的是这一力量的神奇和无所不能之处。"使人听从于我"是这一切的根源，它产生的根源十分复杂，并非只来自于某一方面，它与人的综合素质密不可分。

人格魅力

狭义来说，人格是一个人的性格、气质、能力等方面的总和，同时也包括个人的道德品质和言行举止中所体现的心灵层面的素质。对外的表现则是我们俗称的"人格魅力"，是指在这些方面具有的能够吸引人的力量，这是一个人最大的财产。一个具备人格魅力的人，能受到别人的欢迎、容纳。像我们熟知的巴菲特、杰斐德等，就非常看重自己的人格。

一个富有影响力的人物，仿佛生来就具有与人交往的天性，无论对人对己、处世待人、言谈举止，都很自然得体，而且毫不费力地就能获得他人的注意和喜爱。这并非天生的无法获得的能力，因为有些人即便没有这种天赋，也能通过一定的努力获得这种能力。

你只有拥有了健全的人格，才能得到人们的喜爱和合作，展现自己的影响力。就像有些人，与你只是偶然相识，甚至只是一面之缘，但他一出现就能引起你的注意，令你心悦诚服。这就是因为他拥有出众的人格魅力。

信仰的感召与相互信赖

如果你对宗教有所涉猎，你就能理解信仰的威力。一个有着虔诚信仰的人，往往具有如下几个特征：

1. 他在对待现实或处理社会关系时，富有同情心，热情友善；他对待自己要求严格，有强烈的进取精神，自励而不自大，自谦而不自卑；他对工作表现得勤奋而又认真。

2. 在理智上，他感知敏锐，想象力丰富，思维的逻辑性强大，而且富有创新意识和无比强大的创造能力。

3. 在情绪上，他善于控制和支配自己的情绪，乐观开朗，不轻易屈从于困境，他的情绪稳定而又平衡，且善于与人相处。

4. 在意志力上，他目标明确，行动自觉，自制力强，果断勇敢，坚韧不拔，做事积极主动，不会被困难吓倒，勇于迎难而上。

这样的人在群体中极受欢迎，富有出众的感召力，因为他的信仰坚定——这种信仰未必是宗教的。事实上，几乎所有的优秀人物对于宗教并不迷信，他们的信仰通常来自对人生的坚贞和对理想的坚持。这样的感召力无比坚韧，既非强迫，也不来源于物质。它凭借的是基于信仰所产生的一种魅力，由此产生的领导力也是无穷的。

影响力的本质并不在于你的地位，也不在于你的所言所行，而在于"你是一个怎样的人"以及"你有什么样的理想"。那些富有感召力的领导，其实并没有强大的权力和巨额财富，但可以通过自己的理想与信念来感召别人，建立团队，并且能够保证下属对他忠诚。比起那种拿着皮鞭让所有人都要效忠自己的领导，可谓高出了不止一个档次。

只要拥有一种坚定不移的信仰，你就会影响一批人，让他们成为你的理想信徒和忠实的支持者。

承诺和互惠的原则

影响力不排斥，当然也离不开一些功利的原则，人与人之间存在着协作和统一的利益。每个人的内心深处都想拥有可以兑现的承诺——它来自下属、上司和客户，甚至来自朋友和亲人。与不费吹灰之力就能得到的那些东西相比，人们更加珍惜那些来之不易的东西，而这正是领导人物会加以利用的人性的特点。他们给你承诺，信守诺言并且与你互惠互助，从而建成一个强大的团队。

影响力树立在守信之上，你是一个诚信的人，这就是互惠的基础。对一个不守信用的人来说，他口头承诺的利益再多，也不会有人答应他的条件并给他支持。其次，你必须重视给予大于索取，多让利于人，看重长远回报。坚持这一原则，你就能树立自己的好名声。你还要学会主动地支付账单，并准时还债，不可拖延；你必须善加利用互惠原理，使人产生责任感和满意度。

影响力的扩散

　　价值观对领导者的影响力至关重要。假如你是一名领导者，或者是正在培育自己的领导力，如果你还没有自己的一套价值体系的话，是很难称职的。一系列完整价值观的建立，就等于拥有了一个影响力扩散的平台，你就有机会和有资本管理你的团队。

　　宏碁公司的总裁施振荣，是一个敢于对员工大胆授权的领导者。他对员工的宽容厚爱，即便在最为人性化的企业中也非常罕见。

　　他的价值观是"人性本善"：他相信员工，愿意发挥全体员工的力量，燃烧全体员工的激情和热情，借助全体员工的力量顺势而为。在这种价值观的推动下，他成为全世界最受员工爱戴的总裁之一，也让他的企业拥有了近乎疯狂的执行力。

　　领导的价值观有多重要？从许多公司失败的经历中就能看到，有些领导者总是习惯性地实行一种控制型的管理风格，对下属分享权力甚为恐慌。家族式企业大行其道，不但在发展到一定程度时会遇到不可逾越的"瓶颈"，他们的带头人也很难在影响力的层面为我们留下什么东西。即使一名铁腕人物建立了世界范围内市值最高的商业帝国，假如他在价值观方面没有什么贡献，也不可能成为影响力深远的人物。

现在我们就要谈价值观的构成。从影响力层面而言，一名领导人物的内在推动力，是决定领导期望、态度和行为的心理基础。他的核心价值观代表了一系列基本信念和对周围事物的是非、善恶的评判。普通人也是如此，每个人对身边的各种事物都有自己的基本评判标准，也有轻重主次之分。这些评价标准构成了每个人的价值体系。在同一种环境和客观条件中，具有不同价值观的人对于事物的不同看法，就会产生不同的行为和结果。

人的内在价值观体系，决定了他对于事物的态度和渴望程度，是一切行为的心理基础。我们会发现，很多人的心理发生问题，其中一个很重要的原因就是他们的价值观产生了错乱。他们不清楚自己应该如何前行，以及怎样解决问题，从而举止失措。

同时我们也能看到，每个人的价值体系都是不一样的。有些人把地位看得很重，有些人把地位看得很轻；有些人把工作成就看得很重，有的人则更在意生活质量；有些人追求名，有些人则追求利；有些人享受追求过程的快乐，有些人则认为最终的得失才是根本。

在针对企业的中高层管理者开展的魅力培训中，这些年来，很多人都向我表达过这样的希望——他们渴望未来能够成为商界的领军人物，成为最受爱戴的优秀管理者。但他们其中的许多人并不清楚或者并不重视价值体系的重要性，这让他们很难成为领军人物。

我对一名来自加利福尼亚州的经理说："先生，以你目前的情况，顶多只能做一名普通的职业经理人。"他可能觉得我在否定他，但我评判的原则只有一个：一个人的价值体系和他的影响力有直接关系。

现在你知道，对于领导者的影响力来说，价值观居于关键地位。因为一个人的内在价值体系会影响到他怎么去看待事物，决定他会从什么角度去观察、选择和解释。这样的基础，又决定了他能够建立一支怎样的团队，拥有什么样的执行力，最终能够做出多大的事业，它们之间的关系密不可分。

美国惠普公司的创始人休利特和戴维·帕卡德是两位与众不同的人。他们认为，组成一家公司的要素很多，最重要的要素是人。也就是说，人才即一切，只要有人才，惠普就是最大的赢家。这个核心价值观为后来举世闻名的惠普公司的管理风格和发展战略奠定了强大的基础。与此类似的还有松下幸之助，他对于人品和人格极为重视，并以此建立了他心目中的松下电器。

如果你能打造出信仰如宗教一般虔诚专注的团队，那么你作为领导的影响力将会达到极致。这既是经营者的务实追求，同时也是建立常胜之道的前提。打造宗教式的团队，基础就是拥有一个正确而又得到全体认可的价值观。

下面，我列出宗教式团队的七种关键素质，每一名团队成员（包括领导）都必须遵守这七种原则，并且严格执行。

① **忠诚力：团队的任何一名成员都必须全心全意地忠于团队规定、上司和自己的战友。** 忠诚是双向的，你永远不要指望所有人都对你效忠，而你不需要同等的付出。如果团队的领导者不准备奉献忠诚，那他就不应该期望从自己的下属那里获得忠心。忠心也是下属给你的礼物，他们的人格天然独立，只是因为你可以让他们赢，他们才有必要对你忠诚。也只有当你好好地培训他们，公正地对待他们，并且贯彻自己所说的理念时，他们才会对你保持忠诚。

② **责任感：无条件地履行你的义务和职责。** 团队成员（包括领导者）的责任感要从遵守规章制度、命令、与工作相关的法律等开始做起，但其内涵远不仅于此。一个合格的领导人物——假如你有志于此，应该敢为人先，总能在别人想到之前，就可以率先指出"我们需要做的事情"。

③ **尊重的品格：善待他人和懂得尊重他人。** 在这里，每一个人都是平等的。这意味着，你要认可并欣赏所有人的尊严和价值，无论是新人还是老手，不管他处于价值链的哪一个环节。好的领导者是能够包容异己的，理解他人的背景，懂得换位思考，明白什么对于别人来说是重要的，并能提供这些。只有

这样，才能表现出对人的尊重，然后换取同等的尊重。你还必须营造良好的氛围，在这个平台或者说你创造的"场"中，让每个人都能活得有尊严，在你的团队中感受到最大程度的尊重。

④ **无私奉献的精神：你和成员能够时时以团队和同事的利益为己任。** 无私奉献不是说不能有强烈的自我、自尊心或区别于他人或团体的雄心壮志，而是能以团队利益为先。无私是指你所做的任何有利于自我或职业发展的决定和行动，都不能伤害到他人或阻碍整体目标的完成。一个群体只有结成团结的组织才能有效运作，而为了这个团队能够高效地运作，作为个体的个人必须将整体的利益放在第一位。

⑤ **荣誉感：践行这个团队所有的价值观。** 对一名团队成员来说，荣誉感就是把团队的价值观置于个人利益之上；对所有的团队成员来说，荣誉感还意味着你们必须像一个人那样奋斗，无比团结和积极向上。

⑥ **正直：做合理而且合法的事情，要按原则行事，并且身体力行。** 你要诚实，无论外界的压力如何与自己的原则背道而驰，都要讲真话。怀抱一颗正直的心，意味着你既要保持道德上的完美无缺，也要忠于你自己的内心——完美并足以成为榜样的内心，你将拥有堪称模范的心灵力量。在你的团队中，应尽可能吸收富有正义感的人。

⑦ **勇气：可以直面任何恐惧、危险和逆境（不管是身体上或者道德上的）。** 拥有勇气，不是说你不能有一丝恐惧——事实上，这是无法做到的，即便对最伟大的人物而言也是如此，而是你要有克服恐惧的勇气，它有身体上的和道德上的两种形式。一名好的领导和优秀的团队成员，是两者兼备的。身体上的勇气是指克服对身体伤害的恐惧，履行自己的职责；道德上的勇气则是坚定地捍卫价值观、原则和信仰，即便遭受到了巨大的威胁。这种威胁既可能来自团队之外，也可能来自团队之中。

许多人天真地认为，领导力就是管理者施之于他人身上的一套技巧。领导力并非始于以他人为中心，而是以自己为出发点。你必须首先遵守上述原则，才能使下属同样遵从。我在培训中不止一次地对那些来自全球各地的管理者说过，领导艺术其实就是怎样才能成为领导的问题，而不是怎样去做领导。

一个人只有具备一套强大完善的价值观，其所作所为都与这个价值观保持一致，并且表现出强大的自律精神的时候，才能开始领导和影响别人，才有资格管理一个团队，才有赢的希望。

不论做什么你都要有一个坚定的核心价值理念，并且发挥主动性，尝试在行动上去影响他人。

你要学会激发和激励别人，这需要更有效的手段；你要善于使用并维护让自己长赢的工具，比如拥有强大执行力的团队。进一步说，你需聪明地用一种价值观对团队进行管理。真正的领导者能够用感染的方式，而不是鞭打着他的下属去做事，一切水到渠成，心甘情愿。同时他的下属会感觉，我做这件事情，不仅仅是为了公司，为了老板，实际上我是在为自己做事，我在经营自己的人生。当他有这种强烈的感觉的时候，他对公司的支持和他所贡献出的力量一定会大大地超出你的想象。

个人权威的建立

我们的威信一定不是靠板着面孔教训人得到的，而是在日常工作中一点一滴慢慢地树立起来的。

你想拥有个人魅力，在团队中展现你的领导气质，你就要提升能够实质地影响别人的能力。只有当人们认为你很有魅力时，他们才能听从你所建议的行动步骤，也就是"跟着你走"。

跟着我可以赢

说得简单点儿，你要让下属看到明天的希望，得到他梦想中的果实——在这里，他会得到什么，他的目标是否能够得以实现。你的下属有了信念、动力和良好的心态，才能激发出巨大的创造力；才会信服你，并忠诚地为你服务。

你必须理性地阐述这一点，影响别人，使人相信你的口号和宗旨。这涉及如何使用符合逻辑的观点和事实证据来让另一个人相信你的某条建议或者要求是可行的。你要使理性的说服变成一种有效的策略，这需要你拿出使人信服的研究结论。你自己必须是明智而理性的，同时还要让下属深深地体会到这一点。

1. 通过利益建立的权威，充分的信息透明度是不可缺少的

让你的团队成员明确地知道：跟着你走，他从工作中获得的益处是可见的，没有隐藏的区域。你不能只给几句肯定的表扬，如"干得好""谢谢你"等，而是必须拿出更深入的行动，比如详细的工作方案、绩效考核机制。今天在做什么，明天要做什么，未来的几年内我们会从事哪些业务，以及我们将如何从这些工作中获利。这样的纸面说明要细化给每一名员工。

然后你要告诉他们："伙伴们，我需要你们！"只有这样，你才能提高团队的向心力，建立你的领导权威。

2. 尽可能翔实地沟通团队的前景，这对你和员工的关系大有裨益

有些老板喜欢隐瞒公司的发展计划，在收入剧增和业务衰退时，他们都习惯性地采取这种策略。赚了钱不说，而是将盈利藏起来不让员工知道；赔了钱更加谨慎，将之视为不可暴露的秘密，生怕员工知道后会充满担忧，因为害怕公司垮掉而生出异心。

遗憾的是，这种"神秘感"往往产生不良后果，与领导者的初衷相背离。员工除了自身暂时的利益——每月的薪酬和保险之外，对于这个团队的前景也是非常关注的，有时甚至比工资收入还重要。与他们做好详细的沟通和愉快的交流，能够替你解除后顾之忧，让员工充分相信你的能力，充分地参与进来。

利乐欧洲的人力资源经理保罗·马耶对我说，利乐公司曾经陷入过巨大的困境，他们分析后得出结论，主要因为员工对公司的前景不明。在这样一个艰难的环境下，他们的领导团队拿出了专门的时间，向员工传达企业下一步的战略和解决方案，以确保他们不会被眼前的困难吓倒。

"知道我们做了什么吗？我们将所有员工召集在一起，向大家解释公司的

战略，然后让大家自由发言，员工可以提出自己的想法。市场部的人还有一年一次向大家讲述自身工作进展的机会。自从十几年前起，我们每年都会在公司内部搜集大量建议，并且把结果作为下一步行动的指南。"

他们在困难时期重新建构了公司的组织架构，使蓝图的确立和发布变得更加透明。他们任命了一个负责人，随时对这项工作提供支持。这只是一个常规的方法，但效果是非凡的，因为大家都觉得工作目的更加明确，同时工作的动力也增加了。随后的结果也证明，公司的成员变得更坚韧，因为他们相信公司的领导者有足够的能力带领他们实现愿景。

调配集体的力量

在对集体力量的调配方面，你必须以身作则，这是一个简单有效的影响他人的方法。集体力量的调动，关系到你的领导能力，这也是影响力的具体体现。通过以身作则来领导或者影响他人，是基本的原则。你要通过自身的行动来传播你的价值观和对于员工的各种期望。

尤其在那些需要显示忠诚、做出自我牺牲以及承担额外工作的行为中，管理者更要注意以身作则。当你的公司面临困难的局面时，员工每天工作10个小时，你或许要每天工作超过15个小时，才能显示你的巨大影响力，使他们理解并支持公司做出的减薪和延发奖金的决定。

1. 相互帮助

集体的第一个作用是互相帮助。假如另一个人帮助你完成一项工作，那么你要主动提出对他的帮助，这是施加影响的一种基本策略。基于交换原则，你们之间的互相帮助将提高工作效率。这种交换通常还有另一种含义：如果你帮了我，我在日后会进行回报，并将分享完成任务所带来的利益。

2. 建立可以调配利用的人际网络

属于你个人的人际网络的建立，对于使自己成为一位具有影响力的人来说，是很重要的。这会使你在必要时得到有力的支持。这种人际网络的构成并非只在自己的团队内，它还可能是你的客户、朋友和亲人。当然，如果其中有你的直接上司，那就更好了。

3. 结成必要的互助联盟

我们发现，有时候通过单独行动来影响某一个人或团体是有难度的，所以很有必要与别人结成联盟，以产生强大的力量。中国有句老话叫作"人多力量大"，这种方式足以产生连锁反应，可以将你纳入一张强有力的人脉关系网，借用他人的影响力来达成一些目标。

在联盟的形成中，一个最重要的因素是你的个人魅力，它能使施加影响的策略产生更大的力量。不管在什么领域，假如你能以个人魅力和领导气质影响他人，那么他们就更有可能加入你的联盟，像滚雪球一样，使这个联盟越来越壮大。

建立奖惩机制

管理者若是没有奖励和惩罚的机制，就无法对下属的行为进行有效的激励和控制，你的权威也将是无本之木。因为没有一定的奖励，你就无法引导他人的意志行为；没有一定的惩罚，你也难以约束他人的不当行为。

但是，奖惩机制最终是否能够产生你所希望的激励作用，形成健康的激励机制，直接取决于这种奖励和惩罚措施实施的稳定性和规律性。

1. 奖惩的依据必须是全面公开和透明的

这可以使管理者和被管理者都准确、全面地把握其中的具体内涵和要求，以避免发生为了奖励而奖励、为了惩罚而惩罚的无效行为。如果奖惩变成领导者的个人行为，依着性子朝令夕改，结果将是灾难性的。

2. 标准的制订过程也必须遵守透明原则

这将避免你把奖惩的标准设定为针对具体专门的对象——比如，你只想奖励谁或惩罚谁沦为公报私仇或中饱私囊的工具，要真正使奖惩成为引导员工的行为选择的有效的激励措施。

3. 奖惩的制度和原则必须保证相对的稳定性

这种稳定性是指制度一旦制订便不可随意更改，即使你要修改，也必须拿出让人认同的理由，避免把这种奖惩标准变成没有约束力的文字游戏和个人的随性之举。

4. 奖惩的实现必须有具体的责任人

使应该获得奖励的人能够根据自己的行为主动要求奖励——这也是对你的权威的认同，他们相信自己的行为一定能够得到奖励。同时，也使那些应该受到惩罚的行为可以及时地被人察觉并给予惩罚。

持续性的影响和调整

在这一节，我们将谈到系统性和持续性的影响力模式。影响力就像一只电灯泡，明亮一时和长久地明亮下去，本质上是不一样的。同时，你还面临着力度调整和方向变化的问题。无论是发光时间、方向，还是亮度强弱，都与一个人具备的内在品质有关。

○ 你需要确立的基本认识：领导者首先是一个人。

当你希望获得持续不断的影响力时，你要把个人作为一个系统来看待。个体的提升应该是全方位的，如果你只谈一个方面，就如同盲人摸象。你要清楚地了解人性，关注内在自我，综合提升自己的素质。

修炼自我是保证影响力长久的基本前提，没有人可以例外。这种修炼包括自我心灵的全面提升，你要聪明而客观地认识自我，明白自己的优势与弱点分别是什么，并且将这种积极的影响向内施加于自身，让自己变得更加优秀，才能谈得上去影响别人。

○ 或许会有秘诀：两个关键词。

从现在起，请关注"影响力"中蕴含着的深刻的道德人文内涵吧。假如你寻找秘诀，我可以告诉你，"感恩"与"宽恕"是影响力的源泉，记住它们，并且要终生履行。一个懂得感恩的人，就不会自私；一个愿意宽恕别人的人，就能拥有宽广和博大的胸怀，用人格魅力折服他人。

○关心自己的价值观：找到一些比赚钱更加重要的事。

我们都知道赚钱是生存的根本，同时我们也清楚，它并不是最重要的。有钱就能影响别人吗？或许在某些事情上是的，可是如果只有金钱充斥于你的生活中，这意味着你随之也失去了一切。

比起我们的价值观，金钱可能分文不值。因为人们最需要得到的是心灵关怀和价值观的沟通。你可以善用这一点，在生活中长久地贯彻。与人们建立情感的联结，因为人与人之间的影响力，必须通过这样的联结，才能发挥持久的作用。

○我们从对方喜欢的事入手，多谈谈"他想听"的事情。

有一位来自费城的经理人对我说："我最关心的人是我的父母，可是每当我回家，想表达对父母的关怀时，都没有话题可说。"原因在哪儿？

他平时不大在家，但是内心深处又总是认为自己应该多陪伴父母。这种矛盾的情绪一直困扰着他。但这并不是什么难解的症结，总可以想出一些办法来。我提示他："你可以想一想你的父母最喜欢什么，然后从那里入手。"他恍然大悟："我知道他们最喜欢打麻将。"

他马上和父母约好一起打麻将。"我父亲一上牌桌就像变了个人，有说有笑，话特别多。"他事后对我说。他觉得自己用对了方法，找到了让父母感受到自己关怀的途径。

你正为怎样表达关心而疑惑吗？你的关心常不被人理解？那么你不妨效仿这一原则。你在希望使人感受到自己影响的存在时，除了要有关心别人的心，还要懂得如何付诸行动，这才算真正地走进别人的心灵。

○学会将心比心是建立长久影响力的高情商品质。

另一个重点，是我们能够站在对方的立场去分析事情，得出双赢的结论，并且坚持这种思维模式。前面我已经说到，好的影响力来自我们对他人的关怀，如果我们不仅注意到自己需要什么，还能把注意力转到他人身上，真诚地关心别人的需要，那么我们与他人的良好关系就能长久。

IBM 能发展成这么大的规模，都要归功于小托马斯·沃特森从他父亲那儿继承下来的人本价值——从客户的角度思考。有一位 IBM 的区域分公司经理因为要办活动，所以跟牛奶公司订购牛奶。活动对牛奶的需求量非常大，这位经理想替公司省钱，就跟牛奶公司的人说："喂，你们必须降价，不然我们就不向你们公司订购。"也许你认为这是非常正确的商业手段，站在这位经理的立场，他是为公司的成本着想——可能你已经判断出他是一位值得聘用的人了。

但是，问题在于他忽略了牛奶公司的感受。牛奶公司的负责人写了一封信给小托马斯·沃特森，说明了事情的来龙去脉，并表示抗议："为什么明明合约事先都敲定了，到了最后还要求降价，难道大公司都这么仗势欺人吗？请告诉我！"

沃特森马上着手调查这件事情，然后把那位经理找来，向他强调，IBM 不能以这种占便宜的方式去对待合作伙伴。IBM 的经营理念就是尊重每一个人，包括员工、客户和合作的厂商，而非一切向钱看。

我们的结论是什么？**只有通过将心比心建立的良好的人际关系，产生的影响力才有可能是持续性的，也才会是良性循环的。**

强化自己的关键优势

成功学领域的专家在发掘人的优势方面非常在行。但是，不管你拥有怎样的资源与雄厚的背景，最终一定会发现，只有自己某一方面的亮点，才是说服或者感召他人为你服务的根本原因。

这个论断一定是正确的：判断一个人是否成功，最主要的是看他能否最大限度地发挥自身优势。科学家通过研究发现，人类共有四百多种优势，这些优势本身的数量并不重要，重要的是应该知道自己的优势是什么。之后要做的，就是将你的生活、工作和事业发展重心都建立在你的优势上，这样你才会成功。

一个人可能有许多优点，即便对他最有偏见的人，也不否认他身上的三到五项过人之处。但是在这些优势中，只有一种是他最大的特长，也就是他的核心竞争力，是他必须予以强化的。

布热津斯基·海伦是一位性情爽朗的美国姑娘，是我在凯雷集团工作时的助理，她刚开始为我工作时，只有二十四岁，看上去非常外向。我对她融入工作和公司的能力没什么可担心的。但是她在我身边仅仅待了一个多月，就向我提出辞职。

我问她原因："海伦，你表现得很好，为什么会有离职的想法呢？"

她很是迷茫地说："头儿，我对自己的定位失去了信心，找不到将来的职业方向。我想，是不是需要离开一段时间，冷静地考虑一下，再决定自己可以做什么。"

"哦，海伦，你可以讲具体一点儿吗？也许我可以帮你分析一下。"

她很快讲出了自己的烦恼。在我负责的部门，她主要的工作除了整理会议纪要、联系客户和起草协议外，还承担着翻译和部分投资项目的分析工作。每个工作环节她都有所涉及，但均涉入不深。这正是助理的工作特点。在这一个月的工作过程中，她发现自己拥有不少优点：

善于客户维护，在这方面成绩斐然；

有着优秀的翻译能力，是不可多得的翻译人才；

在投资可行性分析方面，见解独特，是我非常重要的帮手；

综合管理能力也很强，体现了出众的管理潜质。

上述这些都是值得骄傲的，但她为此陷入了烦恼。她很年轻，正处于职业生涯规划的阶段，因此她不清楚将来应该强化自己哪一方面的能力，重点向哪一领域发展。在这种困惑中，她想暂时辞职，想清楚之后，再做出她的选择。

听她说完，我严肃地点头，说："海伦，这确实是一个重要的问题。不过，为此离职就没有必要了。""那么头儿，请告诉我，我该怎么选择呢？"

我向她提了一个建议：先去规划一下自己的职业方向，找到兴趣在哪里，然后再从这些优点中去寻找那个与个人爱好相匹配的关键优势，最后再制定强化方向。只要遵循这个步骤，就不会再困惑了。

几天后，海伦就告别了这个难题。她认为自己最大的优势就是在投资行业有着出色的分析能力。这是她的立足之本。她决定在这方面重点发展，当好我的助理。她告诉我，其他那些优点，别的公司的主管助理也都具备，谈不上关键性的优点，只有这一点，才是她能建立个人风格和积累资本的领域。

正如这个例子所讲到的，关键的优势每个人都会拥有，但一个人若想取得某方面的成功，突出地释放自己的影响力，就要把它找出来。这涉及很多因素，比如机遇、环境、心态、努力、工作等。认清自己并不困难，只要你遵守一个原则：**让你的长板更长，而不是按照传统思维去弥补你的短板。**

在你找到自身优势之后，还要持续地进行打磨和强化，以求不断地进取，脱颖而出，傲视群雄。否则，不管你拥有多大优势，如果不能进行强化，形成独特魅力，或者品牌——让别人离了你不行，在一定范围内，唯有你可以解决某个问题，那么你最终也无法胜出。如何才能发现自身的关键优势?

○对自己的充分认识和剖析。

○请别人帮忙分析，可以是朋友、同事，或者亲人，这需要你有谦虚的态度。

○学会如何思考，然后运用智慧来发现亮点。

○抓住机会就要充分地展现自己，在这方面请不要有所顾忌。

○激发潜能，但要明白潜能的激发是一个循序渐进的过程，不可操之过急。

○养成各种良好的习惯，才能使你的潜能指引思维和行为朝成功的方向前进，不至于半途而废。

○勇于挑战自我，挑战极限。你要相信万事皆有可能，现在做不到，不意味着明天做不到。

○建立良好的心理素质。一个拥有较强的心理素质的人，不容易被暂时的困境击倒，能够坚持不懈地寻找自身的优势，避免外界各种信息的干扰。

影响他人，主导自我

我们常常可以读到一些小人物的故事，他们从自卑变得自信并且开始影响身边人，这样的例子数不胜数。他们最终拥有了自己的世界，可以影响并引导别人为他的理想服务。无论你从事什么职业，只要你能建立自己的影响力，就可以在这个行业中拥有自己的领地。反之，不能施展影响力的人，也无法具备相应的支配能力。

假如你当前正处在一个"自卑"或不那么自信的阶段，你最需要的是在心理上变得强大。只有心理强大的人，才具备影响别人乃至支配世界的资格。心理上的弱势一定会损伤外在的气场，进而改变你的风度的强弱，让你黯然无光，很难产生吸引人的磁力，更不要提树立自己的权威和让人仰视的形象。

1. 用正确的理由去施加影响

这是非常容易理解的一项原则。比如，当我们请别人帮忙时，如果我们能够讲出一个理由，那么我们得到帮助的可能性就更大。原因很简单，人们就是喜欢为自己所做的事找一个理由。不管什么人，他们采取行动的唯一动机，就是有一个"正确的理由"在推动他们，使他们毫无顾虑和保留地去为之付出。

2. 聪明地建立自己的权威

方法有时比目标更加重要。你要建立自己的权威，就得让人们觉得，他们在跟着一位行家走。有很多人不断给我写信，要求我给他们指点人生发展的道路。这就是对权威过度信赖的表现。这是人性的弱点，同时也是一个试图建立自身影响力的人可资利用的地方。

在世俗的观念中，人们认为，遵从权威人士的教导总会给自己带来真正的和实际的好处。这不需要多么科学的分析，从我们自身的经历就可得出此观点。当我们年幼的时候，这些权威人士（如家长、老师）知道得比我们多，我们那时就发现，听取他们的建议很明智。长大以后，人们发现自己还是愿意接受权威人士的忠告，只不过老师和家长不再是居于主要位置的"权威"，而是变成了企业家、律师、新闻媒体等。

其中的奥妙在哪里呢？权威总处于一个有利的位置，他们可以接触到更多的信息，拥有更多的权力，因此按照他们的意志行事大体上是错不了的。正是由于对这一点深信不疑，所以他们很容易坚定地遵守一个原则：即便有时候权威的话听起来并没有什么道理，也毫不犹豫地按他所说的去做。

总结一下，你需要让自己具备如下特点，聪明地使自己居于这样的权威位置：

①昂贵和真实信息的拥有者；

②权利的分配者或制定规则的人；

③理论的发布者；

④经验的掌握者。

当你达到这四种条件，或者具备这样的身份时，人们认识到，服从你的分配和引导是正确的，就会很容易对你产生自动的顺从，将你视为权威。

在真正富有影响力的人物面前，普通大众就像被催眠一样，陷入了对"权威"的顺从之中。如果你能催眠世界——这不是不可能做到的，你就能支配更多的人为你工作。

CHAPTER 03
信仰与魅力

信仰是一种充满了积极意义的踏实感觉。信仰可以限制或者解放你的内心，它决定了你的各种追求是否符合自己的目标价值观，这对你的判断能力和生活的动力来说，都非常重要。

信仰的差距

我在美国曾经有两位商界的朋友,有着十几年的友谊。两个人都是在 20 世纪 90 年代来到美国的,既是老乡,也是同行。如今,他们仍然在同一个行业密切合作。他们之间的对比颇有戏剧性。

一位朋友只知道赚钱,口头禅就是:"做生意就要赚钱,不然这么忙碌为了什么?"另一位朋友拥有建设一个商业世界的梦想,关注产业链,关心公司文化的建设,总是舍己为人,自己穷得叮当响。

十年前,赚了很多钱的那位朋友,不断地嘲笑这位除了信仰什么都没有的人,并且对我说:"苏,你看那小子,每天只知道谈理想,可是有什么用呢,不如多赚点儿钱来得实惠。我敢说,过些年,他一定会从自己的梦里清醒过来,到时候一切都晚了。"

十年后,一切并未如他所料。我的另一位朋友由于多年来的出色工作,终于厚积薄发,一跃而成为了全美著名的电器生产商,而前一位朋友只能充当他的下级加工代理商,每年赚到的钱还不及他的百分之一。

这是一个鲜明的对比,前者正是典型的商人,后者是一位拥有强大信仰的成功的企业家。

商人与企业家的区别：信仰的差距

信仰的差距决定了商人与企业家之间在一个可见的时期内的收入差距。其原因不是赚钱的能力，而是对于盈利平台的建设。打个比方，两个人都想盖一座房子，第一个人不想投入，到处去捡砖头；另一个人则花了大本钱，去找好的砖厂为他生产质量最好的砖。开始阶段，第一个人不费什么成本就拥有了很多砖；另一个人却花得两手空空，也没见砖头生产出来。随着时间的推移，砖厂为他量身打造的好砖一车车地运来，一座精美的房子拔地而起。可是第一个人呢？他捡来的砖块不是太大，就是太小，根本建不出这么漂亮的房子，只能堆一间仅够容身的简陋小屋。

商人多追逐的是短期利益，只会用利益来衡量做事与做人的得失。企业家则追求长远的利益，特别是那些负有社会责任的利益。他们为了团队的共同富裕而努力，行动中带有真诚的使命感与卓越的价值观。

一个人能成为企业家，并不是因为他建立了一家企业，也不是因为他在生意场上获得了不错的成就，更不是因为他的企业达到了一定规模，而是因为他具有正确的信仰。

企业家往往少说多做，是典型的实干主义者。在他们的内心深处，充满的不仅是对企业的责任感，还有对社会以及他人的责任感。很多人认为，企业的最终追求就是利润最大化。这其实是一个极端错误的观点，它是一种无法支撑企业长远发展的思想。从中国文化的角度来讲，企业家既是智者，也是仁者，他们的内心自始至终充满宽容与善良。他们绝不会只做表面文章，不会在大众面前一套，私底下却又是一套。多年来，他们对他人、对社会、对国家、对世界以及对宇宙的看法，在一定的高度上铸就了自己与众不同的价值观。

他们的目的不只是建立一家成功的企业，也不只是追逐具有实际意义的某种利益，更是为了实现埋藏在灵魂深处的梦想。这个梦想不仅是办好一个成功的企业，而且企业本身为他们带来内心的宽慰与责任，使他们获得发自内心的快乐，并愿意为之奉献一切，甚至献出自己的生命。这是企业家的伟大之处。

商人和企业家的最本质的区别就在于：两者的价值观不同，思想境界有高下之分。商人可以成长为企业家，但这个过程十分漫长，异常艰辛，一个人价值观的形成从来都不是轻而易举的。所以，在这个世界上，商人虽多，但真正的企业家少之又少。企业和成就的大小不是两者的根本区别，他们的区别永远停留在心灵的深处，是信仰决定了这两种人的差距。

商人，企业家两者的不同

第一，商人与企业家一样，他们都需要考虑利润。不过，商人更多的是考虑如何在当前商业环境下找到正确的盈利模式，获取利润。他们将对市场的敏锐判断与现实机遇完美结合，从而为赢得更多的利润开展商业行为。与商人不同，企业家考虑的是处于变化中的商业环境，他们对市场有超强的洞见力和预见性，据此为企业制订长远的发展战略。

第二，企业家管理企业时，会给企业持久地注入精神资源，而不只是在生意层面上运筹帷幄。也就是说，企业家有足够强大的能力为企业打造核心价值观，并以此为基础，构建独特的、具有深远生命力的企业文化。虽然企业文化可能并不是完全来源于这家企业，但它能够为企业提供精神动力，支持企业克服困难、实现成长。企业文化将长久地存在，其生命往往比企业家本人还要长。

第三，企业家的成功依赖一套完整的人才机制，而商人的成功更多地依靠本人或亲友的支持。因此，企业家思考的是如何建立公平公正的机制对待人才、培养人才、使用人才。企业家本人可以不是专业的人才，但他一定能帮企业的人才成长，并使他们脱颖而出。

第四，商人大多依靠自身的人格魅力来驱动企业长久发展，他本人一旦脱离了企业，曾经的团队和这个平台将陷入危机，甚至垮掉；而企业家个人的形象、魅力与企业之间是相对独立的关系。他在离开公司前为企业建立的出色的公司管理制度，是企业家为企业做出的最为重要的贡献，也是企业最终能长久存活下去的根本保证。

传播价值观比赚钱重要

初入商场的商人——那些有志于做一番事业的人，会经常遇到这样的困惑：到底是赚钱重要，还是价值观重要？赚钱与价值观，谁才是真正的主宰呢？

作为一种经济组织的企业，作为一个想投资赚钱的人和一个团队的管理者，我们当然必须考虑利润。因为企业没有了利润，也将没办法生存，这是铁的事实。不过，如果你只盯着利润，置消费者的需要和利益于不顾，则极有可能做出错误的决策，致使自身根本无法盈利。其实，企业领导者的目标只有一个，就是为顾客创造价值，并且为他们服务。

如果你本着利润至上的宗旨去开展商业行为，当自身利益与消费者利益发生矛盾时，就不可避免地做出损害消费者利益的事情来，而最终必将损害企业与管理者自身的利益。与之相对应的是，那些以为消费者创造价值为宗旨的企业，遇到同样的矛盾时，宁可暂时少赚些钱甚至做赔本的买卖，也要处处维护消费者的权益。

当一家公司的管理者更多地为自己的利益考虑，而不再尽心尽力地为公司的生存发展而奋斗时，企业的危机便出现了。从这个意义上说，管理者的觉悟、境界异常重要。**同样的，我们还会发现一个非常重要的道理，那就是，赚钱的观念其实比赚钱本身更加重要。**

信仰的价值

首先，信仰源自人类的意志力的需求，有意志力作为基础，信仰在价值的体现方面也显得既丰富又具有决定性。我们将从个休的角度来阐释这三种同时并存的信仰的价值。

○理性的狂热

人类总是会使自己在未知的世界面前却步，因为我们的天性里充满了胆怯。不过，一旦有人敢于打破这层心理束缚，大众不是对他另眼相看，就是将他奉若神明。也就是说，在理性的基础上，凡是能赋予自己的行为某种狂热的信仰色彩的人，总能突出平庸的重围，站到整个群体的高度之上。

静默和冷酷是我们的理性一贯的需要。感性和热爱只有转换成强烈的、严谨的理性，才能成为真正有影响力的感性。每一个人的梦想从现实来看都是绝对感性的，然而恰恰因为你要实现它，才倾向于热爱它，百般呵护它，不允许任何人玷污它，哪怕它事实上对他人而言是一种灾难，你依然希望它给别人带来快乐。可是，这种快乐并不是你宣扬给他人的，而是必须让他人发自内心地感受到才可以。

当你把自己喜爱的东西推荐给别人之后，其实已经担负着某种无形的责任了。梦想和现实必须保持一致。否则，灾难将无可避免地到来。

一个真正的企业家，必须努力将自己的梦想、理念、价值观等——对内，推行给自己的员工；对外，以合适的手段传播给广大的消费者。如果企业家无法完成这种强势的推进，那么企业就会内无强大凝聚力，外无引导潮流的企业理想。一个卓越的企业家，尤其是领导型的企业家，必须完成引导潮流的重任。如果你不够强势，就难免受到干扰；而如果你不够理性，你的狂热就成了一种"疯子"的冒险。

○ 献身精神

你在开始启动自己的员工献身精神的培养计划之前，首先要明确自己的信念，同时要弄清楚帮助自己的高层管理者们的信念。换句话说，就是一个具备魅力的管理者应该接受这样的观点——我的员工是我的团队中最重要的一笔资产，无可替代。他们应该被信任，被尊重，被允许参与企业相关的决策，他们也期待自己爆发最大的潜力，希望受到鼓励而不断地成长。

等到你弄清楚这些观念之后，就需要将这种价值观付诸文字，并遵循这一价值观去聘请和晋升那些秉持"人高于一切"理念的人到相应的职位上来，并且不断地将"人高于一切"的价值观转化为自己的日常行为。

长期与员工进行交流，你就会发现，实现自己的梦想、发挥潜力并获得成功是员工本人最强烈的需要，没有其他任何需要比这种需要更重要。员工扪心自问：根据我的技能、天分以及梦想，我是否已经完全实现了自己所能达到的成就？如果答案是否定的，他就会开始痛恨企业阻碍了自己达成个人目标。生命中一个紧要关头已经到来了，不是团队抛弃员工，就是员工抛弃自己的"领导"。

要知道，**世界上没有其他需求比实现自己的梦想、充分发挥才能、取得与自己能力相匹配的成就更加强烈。**

马斯洛曾经说，越来越接近自己希望的那种样子是人的最终需要。这也就是说，成为自己能够成为的那种人是每个人的终极梦想。每个人都有一种自我满足的愿望，即变成他具有潜在能力去成为的那种人。调查表明，只有很少一部分人，能够完全献身于自己的事业。

对此，仅仅需要更多一点儿耐心就可以了，就像伟大的巴菲特和乔布斯一样。献身于某种价值观并始终坚持它，无疑是痛苦的。正因如此，具备这种品质的人才显得那么出类拔萃，让人敬仰。

○内涵与境界

信仰的好坏和类型、能量释放的方向以及为自己搭建的信仰模式，决定一个人在一生中最终能够达到的人生高度。

信仰的本质是相信某种信念的正确，而不在乎它本身是否真实，甚至宁愿歪曲事实也相信它的正确性。当然，**最好的状态是我们无须回避事实，给自己树立一种接近真理的理想，使得意志力与潜能的释放具备正当的理由。**

同时，信仰这一精神体系的建立，起源于敬畏。人们通过敬畏建立某种深层次的精神内涵，并通过心灵的对象显现出来，便形成了信仰。在信仰建立的过程中，人的理性工具心理系统与情感精神心理系统其实一直发生着变化。当人的物质需求无法得到满足时，理性工具系统作用逐渐变大，一旦物质需求得到基本满足，情感价值作用将不断增大，整个过程充满动态变化。信仰，从本质上来说，其实是人们情感精神心理系统中一个极为重要的组成部分。

信仰的区别

信仰实现的目标和过程

价值观是我们极力追求或刻意回避的一种情感状态，大多依据自己过去的生活经验而得。我们所追求的价值观，又称为"快乐的价值观"，或者"目标价值观"，这是一种情感体验，比如爱、愉快、成功、安全感和冒险心等。

目标价值观是推进人类行为的动力，它与功能价值观之间有着显著的差别。功能价值观只是一种单纯的"方法"或者"工具"。比如，很多人认为电脑是生活中最具价值的事物，他们这样认为只是肯定电脑的功能价值，即觉得它能满足自己的需求。

那些认为电脑有价值的人，追求的目标可能是出于方便或者使用的自由，或者也针对特定电脑品牌，追求美感或趣味性等。与之类似的是，许多把金钱视作追求目标的人，所追逐的其实只是金钱的一种功能目标而已，即金钱可以为自己换来想要的东西。

有的人重视的是安全感，有的人则看重掌控生活的能力，还有的人注重那些可以让自己进行自由选择的能力。不管怎么样，生活的秘诀都在于，只要你能明确自己的生活追求什么，就能获得相应的目标价值观。

　　所有的抉择，都只不过是某种目标价值观的外在表现而已。倘若你明白自己最重视的价值观是什么，生活中追求的目标是什么，毫无疑问，你将能随时做出切实、正确的决定。

　　更多的时候，**信仰是一种充满了积极意义的踏实感觉**。信仰可以限制或者解放你的内心，它决定了你的各种追求是否符合自己的目标价值观，这对你的判断能力和生活的动力来说，都非常重要。

信仰的实现工具

　　信仰必须具备强烈的清晰的可实现性，明确的路线图必不可少。因为不切实际的信仰往往是导致一个人失败甚至身败名裂的最重要的原因。

　　此外，你如果信仰正确但实现方法错误的话，也会发生南辕北辙的结局。

　　比如，生活中总有人喜欢摆出乐善好施的态度。他们是慈善家，其乐于助人的态度总是被人喜爱，不管放在哪里，都不改变。然而，这些人在帮助他人之后常常转而摆出一副很高的姿态，仿佛别人接受了他们的帮助就应该低自己一等。那么，这种性质的助人为乐，其实完全歪曲了"帮助"的本意。

　　这就是实现工具的根本错误，因为帮助一个人并非只是一件简单的事情，有着很多应该注意的地方。最重要的一条就是，**千万不要将你的出于高尚的"施恩"变成了低劣的"施舍"**。倘若我们一味地算计自己在帮助别人的过程中施舍了多少，在所谓的"报酬"上没完没了地计较的话，想要得到别人真心的谢意就成为一种空想。在被帮助的人看来，你的所谓帮助可能就是在惺惺作态。

　　如此一来，表面看上去你在尽力地帮扶他人，内心却另有想法。试想一下，如果对方事先知道了得到这点儿小小的帮助会在将来付出更大的代价的话，他会感觉你是真心实意地给予他真诚的帮助吗？肯定不会，他觉得你是在算计他，给他准备了一个致命和罪恶的陷阱。

信仰的另一面：可悲的"仆人"

弗洛姆曾经说过："信仰是一个人的基本态度，是渗透在他全部体验中的性格特征，信仰能使人毫无幻想地面对现实，并依靠信仰而生活。"他的意思是，我们应建构一种"理性的信仰"。倘若人们以自己对非理性权威的情感屈从为基础，建构非理性信仰，就一定会成为信仰对象的"仆人"，被支配和被驱使。

需要警惕的是，每一种非理性的信仰本质，其实都是在"逃避自由"，走向奴役。**而理性信仰的意义，在于肯定人本身的价值和主体性。**如果我们懂得了这一点，就不会被自己的理想所捆绑，就可以聪明而坚定地使信仰成为内心的一种积极力量，释放出巨大而又正面的能量。

信仰的模式

几乎所有领导级的人物在自己过往的生活中都经历过巨大的苦难。然而，他们从未放弃过心中的梦想。在前进道路上一个接一个的失败，并没有阻挡他们一往无前的脚步。他们终其一生为自己的目标而奋斗，为人类的进步而努力。

在这个过程中，很显然，合理与健康的信仰是他们前进的动力，让他们永不放弃。正是因为信仰的存在，他们凭借自己的博学、乐观、胆量，多次渡过难关，化险为夷。

能力虽然是每个人必需的，但是只有能力就会造成彼此的矛盾冲突，特别是在能力相当的个人之间。事实也不止一次地证明，大多数团体的分裂，都是由团队成员之间能力的冲突造成的。同一个任务，能力不同的人，完成的时间和结果差异甚大，难免相互轻视。能力相近的人，因为彼此可以相互取代，造成相互之间失去信赖，最终导致分裂。历史上很多依靠团结共创事业的著名团体，最后都出现内讧，自相残杀，结果惨不忍睹。

因此，一个人想要避免因能力而导致冲突的结局，就必须依靠人格的力量。

理想、尊严和品格融合在一起，便组成了人格。

想要做出一番事业，无论处于哪个层面，都会因个人之间的利益与荣誉得失，而不可避免地发生团队内部的冲突。理想能量的存在，可以有效地化解冲突，使团队成员心甘情愿地默默做出牺牲，在内心深处获得荣誉感。那些甘当人梯、甘为铺路石的人，靠的是伟大理想的支撑。

理想与目标不同。目标只是个人一定要实现的某个愿望，它集中了个人感情，倘若他人妨碍它的实现，就会造成激烈的冲突。理想具有更广泛的意义，它是我们对社会美好未来的描述和憧憬，符合大众的利益。

精益求精的工作和奉献精神造就了尊严。无论一个人的工作性质怎样、是否重要，只要他具备这样一种精神和态度，就能博得广泛的赞美，获得尊严。

一个人内在稳定的德行就是品格，它淋漓尽致地表现了一个人行为的善恶。品格有善恶之分。使人仇恨一切美好的人或事，内含无穷的破坏欲望的，是恶的品格。善的品格则激发人的奉献与热情，使人热爱一切美好的人与事。

高尚的人格是领导级人物的必备条件。没有高尚的人格，则完全不可能成为领导级人物。一个只有高超能力的人，假若成为首领，就只会用谋略来维持局面的稳定。长此以往，必然会怨声载道。他不可能开创未来，成为真正的豪杰。

想成为领导级人物的话，你现在就需要自问："我的人格怎么样，我到底信仰什么？"

如果你一时回答不上来，那么从现在起，请写下你对终极目标、个人价值实现的感觉。比如，是爱情、热情或快乐的工作等，还是那些具备功能价值的东西，如金钱、事业、成就等。倘若你无比重视后者，那么就继续向自己提问：如果我有多余的钱，如果我事业有成，我会得到什么好处？那时候将有什么样的感受？你真正追求的价值实现正是这些感觉，它们才是真正推动生活的力量。

完成这一步之后，请你重新写出自己追求的价值，并按照其重要性排序。然后，写下你在任何时候都不希望有的负面意识或感觉。

我知道，不少人会列出拒绝、沮丧、茫然或孤单等。其实，找出自己的感觉，可帮助你更深入地了解自己的需要。我在这里除了帮助你寻找自身的所需，同时也是协助你避开痛苦的感觉——逃避的价值观。

重新写下你希望逃避的价值观,将最希望逃避的感受列在最上方。然后,你认真地审视一下这些感觉,想象拥有它们时,你会是什么状态?

倘若你非常看重的是成就感,当你拥有非凡的事业时,感觉怎样。不少人认为,当自己的银行账户里有百万元的存款时,方能拥有成就感。而有的人认为,早上起来,发现自己还活着便觉得很有成就感,因为他觉得活着便是幸福。

我们需要用同样的方式对待你的逃避价值观,看看它们对你到底有何影响。不少人认为,如果无法一次性地达到目标,就感觉自己完全失败。其他人的想法则与之相反,他们认为,"只有自己放弃,才叫作失败,只要继续努力,便是成功"。**你必须了解自己对失落的定义,因为很多时候我们难以得到满足,而太容易感到失落。**

经过上面的步骤,我们肯定就能找到一些限制生活发展的条条框框。找到它,修正它,你就能让生活永远向前迈进,就能建立属于自己的足够优秀的信仰模式,并且引导自己成功地释放出内在的潜能,成为一个具备强大意志力的人。

CHAPTER 04
展示你的王者风范

领导者就是一个引领和协调众人合作的指挥家，他的经验和能力，不是体现在具体的做事上，而是体现在协调和控制团队的本领上。

　　总的来说，拥有王者风范的人一定具备超强的领导力。"领导力"可以被形容为一系列行为的组合，这些行为将激励人们跟随强势和优秀的领导者到要去的地方，而不仅是简单的服从。"领导就是要让他的员工，从他们现在的地方，去他们还没有去过的地方。"根据这个定义，我们会看到"领导力"普遍存在于我们的周围，像公司的管理层、课堂、政府、军队、足球场，乃至家庭当中。在社会的各个阶层和领域内，你都能看到领导力，因为它是我们做好每一件事的核心。

　　通用汽车副总裁马克·赫根曾经这样说："人在使事情发生，世界上最好的计划，如果没有人去执行，那它就没有任何意义。我努力让最聪明、最有创造力的人聚集在我周围。我的目标是永远为那些最优秀、最有天才的人创造他们想要的工作环境。如果你尊敬人们并且永远信守你的诺言，你将会是一个领导者，不管你在公司的位置高低。"

　　这就是领导力的实质，它是把握组织的使命，并动员人们围绕这个使命奋斗。同时，它的基本原则是：

　　○领导力是怎样做人，而不是如何做事的艺术。最后决定领导者能力的，是个人的品质和与众不同的个性。

　　○领导力的体现，要通过他所领导的员工的努力。

　　○领导力的基本任务并非为了突出自己，而是为了建立一个高度自觉和高产出的卓越的工作团队。

超越大众的思维

你的思维必须是引领潮流的，胜人一筹，并且具有独特性。与之相对应，羊群效应中的盲从者和轻易就能让人牵住鼻子的意志力薄弱的人，他们不具备任何领导力。这表明，具备卓越领导力的人，必须克服羊群效应的影响，使自己的思维超越于普通的大众，能够看到大部分人不能看清的问题，并明智地做出正确的选择。

○多数人活在从众和跟风心理的阴影下。

什么是羊群效应？这是一个普及度很高的话题。我们知道，羊群是一个很散乱的组织，它们虽然聚在一起，但是盲目地左冲右撞。然而，这并非一种永久的状态，因为只要有一只头羊动了起来，走在前面，或者走向某一个方向，其他的羊就会不假思索地一哄而上，全然不顾前面可能有狼或者不远处有更好的草，全都跟在头羊的后面，向着那个方向，以统一的步伐不假思索地走过去。

这就是大众惯有的思维：人们总是去做同一件事，原因不过是别人也这样做。就像股民购买股票时的行为，这也成为股市上庄家赚钱的秘诀之一，他们成功地利用了大众的羊群效应。大多数人都在思维上本能地具备从众心理，这很容易导致他们无条件和无意识地盲从，而盲从产生的结果，往往会让他们陷入设定好的骗局，或者中途遭到突然的失败。

为什么会出现这种效应？根本原因是人们对于许多事情并不清楚，他们不是掌握秘密的人，又不具备洞察本质的能力，所以对于那些不太了解和没把握的事情，往往会"随大溜"——他们认为这样最安全。持某种意见的人数多少，是影响从众最重要的一个因素。人数越多，从众的雪团就越庞大。要知道，很少有人能够在众口一词的情况下还坚持自己的不同意见。此外，压力是另一个决定性因素。因为在一个团体内，谁做出与众不同的行为，往往会招致"背叛"的嫌疑，会被孤立和受到惩罚。所以你会看到，团体内部成员的行为往往高度一致。当方向正确时，能够展示强大的力量；但当方向错误时，则会一起走向"毁灭"。

大众的眼睛并不是雪亮的，这正是卓越的人才如此稀少的原因。普通大众最易丧失判断力，而总喜欢凑热闹和人云亦云。公众崇拜权威，希望从媒体和专家那里得到指示，作为自己判断和行动的依据，从而构成了一个被强者利用的平台与市场。

只有学会搜集信息并且敏锐地加以判断，才是使自己减少盲从行为和更多地运用自己理性能力的最好方法。

○突破从众思维，才能脱颖而出。

我的朋友赫蒙斯先生在公司的起步阶段，面临一次十分关键的"路线的选择"。后来他对我说："你知道吗？与其说那是对方向的选择，不如说我要如何去思考问题，要在市场的生存中选择怎样的思维方式和判断模式。"

当时，他的投资公司刚刚成立半年多。凭借过人的胆略，他完成了资本的初步积累，使自己的公司拥有了两百万美元的资本。虽然这还是一笔小钱，可发展速度实在是惊人。他召开了一次管理层会议，讨论后面的投资方向，多数成员都建议他去投资股票。

人们说："股票可以赚大钱，只要买对了潜力股，不出半年，我们就发大财了。"这个理由很充分，因为那是美国股市的一个黄金时代，人人都在彼得·林奇的榜样作用下，对股票十分看好。就连公交车上也处处可闻讨论股市走向的声音。这表明，人们已经陷入了狂热。

赫蒙斯说："这正是我拒绝股市的理由，我认为应该朝相反的方向走，才比较安全。"他力排众议，选择了矿石。虽然需要较大的成本，但他宁愿多等几年。他相信，矿石开发是永远不会亏损的行业，因为这是实体经济的支柱，只要全球的工业不垮，人类文明没有退回到原始社会，矿石就始终是各国的进口热点。

在那几年，陷入股市的人无穷无尽，他的朋友中，甚至有跳楼自杀的，只有他从容不迫地躲开了危险，因为他看破了从众思维的可怕。每个人都在想着做同一件事的时候，你最好不要去碰它，因为这意味着它已经失去价值了。

如果你一直习惯于跟在别人的屁股后面亦步亦趋，你就不会具备领导力的基础。你的思维是羊群式的，你怎么能够保证团队会在你的带领下取得令人瞩目的成绩呢？如果活在从众思维的控制下还能成功，那么成功简直太轻而易举了，也就失去了令让人向往的本质。无法突破思维"瓶颈"的下场总是不会太美妙，难免被吞并或被淘汰。最重要的一点是，你要有自己的创意，要有区别于大众思维的判断，敢于并善于走出另一条路。

无论你身在一个组织还是自主创业，都要保持自己的创新意识和独立思考的能力，这是至关重要的品质。同时，这也是一个优秀的领导者应该具备的素质。

魅力的六种要素

　　领导者就是一个引领和协调众人合作作战的指挥家，他的经验和能力，不是体现在具体的做事上，而是体现在协调和控制团队的本领上。大多数时候并不需要领导冲锋陷阵，但他要指明前进的方向，控制速度，尽可能让团队的工作向好的方面进展。

　　不过，我们在现实生活中常常会发现这样的情况：一个出色的小提琴演奏者，他在成为指挥之后，因为得意于自己的小提琴演奏技术，于是就经常离开指挥位置，坐到乐队中拉一曲优美的曲子。在他的潜意识中，以拉琴为荣，而不是指挥演奏。还有些部门的管理者，是营销出身，在成为部门的一把手之后，发现下属遇到困难时，总会情不自禁地自己冲上去，帮他的下属去谈客户，而将自己的本职工作扔到一边。

　　这种时候，他们已经离开了指挥的位置，放弃了领导力，成了一个执行者。这叫作**"高端位置的低效率"**。在这样的乐队或公司中，会造成失败和混乱。但你会看到，这种失败和混乱并不是员工造成的，而是**领导者离开了关键的位置，没有行使自己指挥的责任，从而搅乱了团队的工作，也丧失了自己的魅力。**

　　一个优秀的领导者，必须意识到自己的核心能力是指挥能力。他的魅力应完全建立在这种品质之上，而要展示其魅力，需要使自己具备以下六种关键的要素：

◦ **学习力**：要有超速成长的能力，总是能够走在时代的前列，走在团队和这项事业的前列。

◦ **决策力**：应该高瞻远瞩，能够发现常人所不能发现的东西，能够做出常人所不能做出的决定。

◦ **组织力**：应该能够选贤任能，可以把优秀的人才与团队聚合在一起，创造更好的业绩。

◦ **教导力**：应该能不断地复制自己，让团队以他为榜样，提拔、培养更多更好的人才，提升团队的整体水平。

◦ **执行力**：应该有超常的绩效，这种绩效不是出自他个人，而是他领导下的团队。

◦ **感召力**：应该善于凝聚人心，使人们心甘情愿地跟他走。在做事的过程中，可以凭借这种能力，使自己拥有大批追随者，成为"人心所向"。

我们可以对此做一个总结：领导力的基础来自他的权力。这很好理解，只有权力才能合法和程序化地指挥别人，但这并不是决定性的。对于一个期望建立超强魅力的管理者来说，只有权力是远远不够的。迷恋权力可以把他推得很高，也能让他摔得很惨。因为"领导力"除了权力以外，还有三个重要组成部分：一是能力，二是魅力，三是魄力。于是，我们可以说：

领导力 = 权力 + 能力 + 魅力 + 魄力

这就是领导力公式。其中，魅力，也就是气场（Charisma）的概念，即领导者对于下属和别人的一种天然的吸引力、感染力和影响力。许多中层干部对我提到他的上司时，充满敬仰之情的同时，总会提到这个词："我的老板是一个很有魅力的人，我希望在他这里得到更好的发展，希望他给我更多的表现机会。"这表明，他的上司成功地吸引了他。对这样的上司而言，魅力并非虚有之物，而是建立在他的综合素质之上，反过来促进和强化了一个人的整体魅力。

我们在研究了全世界超过一百名最有成就的领导者之后，发现魅力型领导者一共具备四种共同的能力：他们拥有远大的目标和理想；可以明确地对下属讲清这种目标和理想，并使之认同；他们对于理想的贯彻始终和执着追求令人敬佩，是从不轻易放弃的人，哪怕到了最危险的时刻；他们也十分清楚自己的力量，并且善于利用这种力量。

虽然这并不是每一个人都能拥有的，但在卓越的领导者群体中非常普遍。就像我们众所周知的一些优秀人物，如巴菲特、比尔、戴尔、罗杰斯、卡耐基，他们无不具备这些优异的品质。所以，不管市场如何变化，竞争如何激烈，他们都能从容地领导自己的团队进行创新和成长，应对新的挑战。因此，他们总能站在时代的前沿，成为永远的赢家。

我们所说魅力，并不是建立在智商和遗传的基础之上，也不是建立在财产、幸运和社会地位的基础之上。相反，它可以通过个人的努力而加以掌握，并且通过合理的运用得以释放出来，使自己展示这种风度和魅力，进而建立影响力，能够吸引更多的优秀人才，把他们聚集在你搭建的平台上，帮你完成梦想。

目标和计划的制订

人们总是会夸大领导别人或自己当老板的危险，这是因为他们缺乏制订目标和计划的能力。他们害怕去控制一些东西，宁愿什么都不做。杰克·韦尔奇会告诉你："控制自己的命运，否则就会被别人控制。"**如果你想将命运握在手中，就必须重视"理性的目标和计划"，约束自己的脚步，随时校正方向。**

"什么是目标？"马萨诸塞理工学院的一位女孩问我。她对此感到困惑，因为在她看来，自己的目标太多了。她既想成为一名优秀的科学家，又对旅游和探险感兴趣。进而她觉得，确定目标和制订计划是一件十分麻烦的事，反而感觉一切都会失去把握。

确定目标的过程通常会给人这样的体验，如果什么都不想，他觉得很快乐，可一旦要去做一个选择和制订行动计划，他就会惴惴不安。

我告诉她："也许你需要考虑的并非简单的方向问题，而是在五年之后、十年之后，或者一年之后的今天，你在哪儿呢，你在做什么呢？这些就是你的近期和远景的人生目标，你肯定不想一直待在目前的位置。当然，明确我们真正的目标从来都是一件困难的事情。这不容易实现，但我们仍然要迈出步伐，尊重它的存在，并相信它对于我们人生的决定性作用。"

有些人觉得，设定自己的人生目标就是在追寻一些遥遥无期的梦想，永远不会实现。这表明，目标毫无意义。如果这样想，在计划如何实现自己抱负的时候，行动就会苍白无力，总是无法达到其应有的效果。

可是在我看来，出现这样的结果并不是偶然的，而是有以下两个关键的
原因：

1. 他的目标没有被足够详细地进行定义。
2. 他制订的始终只是一个目标，而没有采取相应的有效的行动。

这表明，第一步是详细地定义我们的目标，明白自己想做和适合做什么，
画出一张蓝图。这是一件需要你花费很多时间仔细考虑的事情，要拿出认真的
态度和详细的步骤。事实上，人们对此心知肚明，但拿出实际行动的并不多。
目标多次在他们的嘴边走过，在聚会和独处时，习惯于讨论和思考这个问题，
可就是没有落实到纸上，也没有激发自己的行动。于是，大多数人就成了"思
考人生目标，但从不去实现它"。那么试问，在这种状况下，一个人的潜能怎
么能够释放出来，又怎样去影响和领导别人呢？

①写出一张你的人生目标的清单。

它必须处于你的可控范围之内，是你能够控制和拥有相关的潜力加以实现
的。你要对自己明确这一点："如果我愿意投入精力去做，我就可能达到这个
目标。"所以，这张清单的内容，应该是你这一生真正想要的是什么，什么是
你真正想去完成的事情，什么事情是如果突然发现自己不再有足够的时间去完
成的时候，你会对此后悔不已？

你应该把每一个这样的目标用一句话或尽可能简短的语言写下来。如果其
中的任何目标只是达到另外一个目标的关键步骤，你就要把它从清单中去除
掉，因为它并不属于人生目标的范畴，而只是某个目标的计划的组成部分。

②对于我们制订的每一个目标，你都需要设定一个时间，为制订计划打
下基础。

你可以就"目标"提出一个十年或五年计划，当然你也可以规定自己用一

年的时间去完成它。没有规定时间的目标，就等于是一张空头支票，没有任何意义。虽然在执行过程中，存在诸多意外因素，比如年龄、工作变动和健康状况，但这都应考虑在内，并注明相关的调整时间的可能性。

③ **计划的制订：描绘我们达到目标的详细过程。**

每个目标都需要单独列出来，然后在下面写上完成这个目标所需要但是目前你又没有的资源，制订详细的计划。这些资源可能是金钱、机遇或某一类贵人的帮助等。你需要什么，就要把它写明。如果在任何一个目标的下面还有详细的子目标，都可以补上，以保证我们的每一步都有精确的设定。

然后，我们要写下完成每一步所需要的行动，这将是计划的范畴。检查我们的时间和周期，注明所要完成任务的时间截止点。对于那些没有确定具体时限的目标，则须考虑一下你想要在哪一年完成它，并以此作为年限，进行明确的注明，否则就容易在时间的流逝中将它遗忘。

现在，我们可以回头检查自己的整个人生目标，然后考虑它的合理性，下定决心，以便让自己可以按照预定的计划去完成目标。在每一个周期的结尾，我们应回顾自己已经完成的目标，划掉它们，同时进行总结，并写下在下一个周期里所要完成的目标。然后呢？你只需要按着计划的步骤跟着激情走吗？几乎所有的专家都会向你提出这样的建议，但我要告诉你，不受控制的激情可能会让你陷入无穷的麻烦之中。在我来到美国的十几年中，我曾一度受到激情的驱使，结果却是对"显而易见的陷阱"熟视无睹。

当一个人爆发出无限的激情时，他可能会走得很快，但有更大的可能会看不到风险，无法避开那些本可以轻松躲开的人生黑洞。因此，目标和计划的根本目的是保证我们的纪律性和理性，不会迷失自我。

做好"角色定位"

领导者既是管理者，同时也是被管理者，这是不可避免的角色定位。他不仅要带好自己的小团队，同时还要融入整个组织的大团队。双重的角色，决定了你在大多数时候要想当好管理者，首先必须能够聪明地管理自己，以胜任每一个环节的处理。

我以前在中国香港认识了一位小伙子。当时他只是一名普普通通的服务生，但几年后我再遇到他时，他已经成为一家总资产超过几百亿的某外国企业的 CEO。当时他正好到新加坡投资，我们一起吃饭，聊到了他这些年做的事情。当我知道他的背景之后，大吃一惊——他竟然毕业于美国的哈佛大学。

"你有那么高的学历，为什么当年还会选择去当服务生呢？"我好奇地问道。

他微笑着回答我："首先，我不想省略掉走向成功的每一个步骤。尽管我可以选择一个很高的起点，但从最基层开始做起，可以让我熟悉每一个环节，这对于我以后从事管理、做决策是很有用的。另外，也是至关重要的一点，只有学会当好一个被管理者，才能当好一个管理者。"

美国的西点军校以培训军官而举世闻名。在那里，每一个学员——不管你的身世背景如何，你首先要学会的就是服从，而不是如何管理。学员上的第一堂课，就是学会把自己的个性全部抹除：所有人的名字都统一换成编号，头发剪成统一发型，衣服也要全部换成统一的军服。

这样做的目的，是让他们每个人都忘掉自我，更好地融入团队。这正是我们在魅力培训中格外强调的一点，每个人都必须学会如何承担责任，明白自己的角色，而不是索求权力和展示地位。在领导者的角色定位中，永远没有"个人主义"和"英雄主义"的容身之处，因为这些因素只能毁掉团队。如果每个人都只强调自己的个性，各往各的方向走，那么整个集体就是一盘散沙，没有任何凝聚力与战斗力。

所以，**当你向往拥有领导力的时候，你要明白的第一点并不是去管理别人，而是学会做团队里的一分子。**真正优秀的团队，它的核心竞争力，就是管理者融入团队中去。不管是在哪一种类型的团队当中，皆是如此，没有例外。

在微软公司，曾发生过这样一件事情：微软公司的副总裁鲍伯辞掉了手下一位名叫艾立克的总经理。因为艾立克虽然才华过人，但桀骜不驯，傲慢专横。

尽管鲍伯十分爱才，希望艾立克留在公司，但他不能容忍艾立克的这些毛病，因为这些毛病会带坏自己辛辛苦苦打造出来的团队。

当时，很多技术专家都来为艾立克求情，但是鲍伯很坚定地告诉他们："艾立克聪明绝顶不假，但是他的缺点同样严重，我永远不会让他在我的部门做经理。"

结果，比尔·盖茨听说这件事后，出于爱才之心，主动要求将艾立克留下，做自己的技术助理。

这件事给一向傲慢自负的艾立克带来了极大的触动，也让他开始意识到自己的缺点和不足。七年后，凭着自己的努力，艾立克逐级晋升为微软公司的资深副总裁，而且非常凑巧，他成为鲍伯的上司。

艾立克不是一个心胸狭窄的人，他并没有对鲍伯怀恨在心，反而非常感激他。因为正是鲍伯把他从恶习中唤醒，让他有了今天的成就和地位。

艾立克不仅没有报复鲍伯，反而在管理方面虚心向鲍伯请教，这时的艾立克已经懂得了怎样做一个好的管理者。

同时，鲍伯也表现得非常优秀。当艾立克成为他的上司后，他并没有流露出任何不服气的想法，而是非常积极地配合艾立克的工作，两人相处得非常融洽，一直为公司的发展而共同努力。

在这个经典的案例中，我们可以发现"做好一个被管理者"是多么重要。在开始时，艾立克由于无法做好一个管理者而遭到降职，后来由于做好了一个被管理者而获得了晋升。在升降过程中，他提升了自己的服从能力，这是他得以突破困境的主要原因。

聪明的人到处都是，他们既有能力，也有不俗的业绩。同时，他们自负，富有个性，不甘心听从别人的指挥。后者成为他们的巨大缺点。因为对于任何团队来说，成员的能力和个性是不能完全画等号的，再强的个性，也需要服务于整个组织，以满足组织的需求为第一宗旨。

作为领导者，你就要身兼管理者和被管理者的双重角色，如果连自己都要一味地强调个性，不服从管理，那么你又如何让自己带领的团队齐心协力，让下面的人听从你的指挥呢？任何不听从指挥的团队都是糟糕的团队，毫无疑问也都是没有发展前途的团队。

所以，在做好自己的角色定位时，我们需要注意，摒除自傲心理是一项基本原则。你千万不要以为，自己的想法比任何人都要高明。学会服从整个集体的决策，当好一个大思路的执行者，你才能在这个平台上，展示自己管理团队和实现团队愿景的能力。

愿景的打造与严格的管控

在一些人看来，任何领导的艺术都可能是"一个不费心机的机会游戏，只要做到无情和运用权力，无论多么愚蠢的家伙都有可能获胜"。他们觉得，人类世界的任何行为实际上大都如此，领导力无非就是命令和驱使底下的人替自己干活和赚钱。

事实是，除非你的目标只是出于权力游戏的目的，否则，你就必须为自己的团队制订美好的前景，并以此为依据进行管理。只是依靠权力管理团队，你可能在一段时间内春风得意，很享受这种高高在上的感觉，产生"我很有领导才能"的幻觉。时间一长，你的浅薄和令人嫌恶的本质就会暴露出来，没有人愿意长久地服从于你的强权之下。这样的领导力，不过是虚幻的梦境。

○愿景：决定我们要做的事情

为团队制订目标。它可以是公司的整体目标，也可以是部门的阶段性任务。团队的发展，就建立在各阶段目标实现的基础上。如果目标和方向错了，一切努力都将白搭。这就是愿景的价值，就像一辆汽车行驶在路上，它的性能再好，如果方向不对，那么行驶的速度越快，制造的错误也就越大。

○管控：通过正确的方法将事情做对和做好

管控的本质是履行你作为管理者的工作职责，围绕目标，采取一切有效手段去达成目标，体现这个团队存在的价值。

管控的结果则体现于工作绩效，它既是团队的绩效，也是个人的成绩——包括你和每一名成员。在此过程中，你还要保证在团队中展示自己的领导力，并创造一个健康和谐的氛围，使整体的效率有更大提高，而不是原地踏步。

有一位名字叫作莱格的加州某公司的总裁曾向我请教管控的基本原则，他希望我用最简单的语言加以介绍，我给他发了一封电子邮件。在邮件中，我写下了一段话：

莱格先生，或许您已经明白了管控的价值和需要达到此步骤所要遵循的方法。在此，我希望尽自己的所知为您提供几项基本原则。这些原则可能是您平时忽略或没有予以重视的。正是它们的缺失，导致了您现在面临的困惑。它们是：

1. 您的口头语言与非口头语言要保持一致，要在团队中建立起个人的诚信。

2. 您需要对他人的表达感兴趣，并平均地分配自己听与说的时间。

3. 您必须对任何事都采取积极主动的态度，比如收集执行的细节信息，发现好消息和勇敢地接受坏消息，这将是您定期的工作。

4. 您每个月都至少要与几名员工进行交谈，倾听他们的意见，并与他们建立单线联系，这将让您获得他们的尊重。

○愿景关系到个人与团队的发展

我们的根本目标是在团队内部创造一种"可以想象到的发展愿景"，而且我们要保证团队的每一个成员都能理解这种未来的愿景，然后投入他们的热情。一个成功的愿景，必须让个人与团队同时得到发展，不能偏重于任何一方面，否则这项愿景就是残缺的。

在这方面，你有必要向其他有能力的领导者（那些优秀人物）学习，以他们为导师。学习成功的公司是怎样成长起来的，那些卓越的人物是怎样在这个过程中建立起自己的领导力，并使自己受到团队成员的爱戴和崇拜。

○ 每年对自己的领导行为进行客观的自我评估

对我们来说，这是一项常规工作，应列为必须执行的计划。在评估和总结中，我们至少要找出一个领导技能中的不足之处，设计并执行弥补不足的计划。而且，在管控的过程中，我们至少要培养一个具有领导能力的员工，帮助自己进行团队的管理。

○ 管控的工作氛围是我们关注的重点

团队的工作氛围是管控的任务之一，也是非常重要的目标。要建立一个好的氛围，管理者就必须注意，自己的许诺一定要现实，而且一定要遵守你的诺言。你要允许员工独立地做一些财务决定，并为他们设定清晰的绩效目标，让他们自己决定采用什么方式实现这一目标。你要对员工进行年度调查，调查员工对团队氛围的感觉，结合他们的意见进行改进。你还要在工作中设定让员工有信任感的行动计划，找出员工与团队的价值观的冲突和矛盾之处，并加以改正。你自己与员工都要对你们的行为与结果承担相应的责任。**关注团队成员的现在与未来，从广义的视角做出与他们的利益有关的决定，激发他们的热情。**

同时，在职业发展上，你要确定最优秀和最有前途的员工，让他们继续为公司服务，并努力让他们对公司保持忠诚。如果能做到这一点，你将在团队中拥有非常好的帮手，许多事情将不必由你亲力亲为，这将使你轻松许多。你还要适时地在公开与私下的场合承认员工的贡献，宣扬他们的成就。当然，把重要的工作委托给员工，以表示对他们的信任，这也是不可缺少的内容。

在愿景与管控方面，如果你觉得自己应该有所改变和提升，就需要有一个你能信任的人来告诉你，团队成员对你的实际看法是怎样的，从中得到真实的信息。当然，对于大多数有抱负的高管人员来说，对这些信息如何正确地解读并不容易，这也非常考验你的领导能力。

有一位新加坡公司的高管成员曾经对我说："一名有勇气的领导者，必须常常反省自己人格的黑暗面，并审视这是否会影响自己管理团队的能力。在我作为行政总裁的十年职业生涯中，我发现很多高管刻意塑造自己高高在上的强势姿态，甚至在慈善领域也是如此。其实对于我们来说，听取公司上下的不同声音至关重要，不只是发布目标和监督执行这么简单。当然，我们会发现的问题是，在领导者的周围，总是充斥着顺耳话或奉承话。如何才能获取不同于此的信息？这是一件很难的事情。"

为此，你可以建立某种应对机制，来反省和改正错误，保证愿景的顺利实现。当然，我们首先必须坦诚地面对自己。根本的问题是："你有足够的勇气吗？"假如你拥有监督并改进自己的勇气，你就能得到员工和其他人更多的爱戴。

用信念带动指标

在哈佛商学院的一次论坛上，我问台下的听众："请你们告诉我，什么是影响和激励员工努力工作的最重要因素？"

人们给我的答案五花八门，大多没有离开下面的几种因素：

○**薪酬**：如果我把全体员工的薪水全部上涨一倍，他们的工作表现和过去会有很大不同。有人如是认为。

○**愿景**：只要提出更好的愿景，员工的表现就更加出色。有人相信，目标可以激励下属更加卖命。

○**公司文化**：建立一套有说服力的公司文化，能够提升人们的工作积极性。这是另一种观点。

○**个人价值的实现**：有人告诉我，要离开的员工经常是你最重视的那个人，因为他在你这里再也无法实现个人的价值。他在这个平台已经到顶了，因此他不得不离开你。

○**股权**：如果我给优秀员工合适的股权激励，他们的工作成果会激增。这是一位公司股东回答我的，他说自己有切身体会。

○**感情**：充满温情的团队将最有战斗力。有人说，他相信感情的力量是至高无上的，超过一切利益杠杆。

○**使命**：建立一个团队使命，这非常重要，员工会为了这个使命承担责任。

有人这么认为。

○ **兴趣**：让他对这个岗位有兴趣，他为了自己的兴趣努力工作，将会有长期的动力。这是一位管理者告诉我的。

在所有优秀的组织管理中，其实，最重要的是关注员工的状态。上述因素都很重要，但他们均忘记了一个最关键的因素，那就是信念。信念是什么，它有什么作用？我认为最直接的价值，就是为团队带来士气。

一支军队要想取胜，第一个核心就是士气。

因此他们不停地训练士气，让士兵有战斗的勇气，就像一个人必须有志气一样。在体育比赛中也是如此，教练最重要的任务之一，就是对运动员的状态进行调节，让他在上场比赛的时候能保持最佳的状态，以最高昂的斗志上场，带着信念去比赛。

这和对管理者的要求也是一样的。你需要让你的员工在工作当中保持最佳的工作状态，就不能只靠一些功利的政策去实现你计划中的指标。想让你的员工处于积极快乐的工作状态中，就要给他们灌输理想和一定能赢的信念。只有这样，他们才会充满激情，工作才会超水平发挥，才能有无穷的创造力，实现最高的工作效率，然后取得让你吃惊的成果。

真正优秀的领导不会只靠薪酬和制度去影响自己身边的人和他的员工。因为他知道，薪酬是员工创造价值后获得的报酬，但不是员工保持积极性的最关键的动力因素。

我们只需要举一个例子就行。艾弗森篮球打得好，跟薪酬有必然的关系吗？假如现在给你同样的薪酬，你能像乔丹那样打球吗？

答案是不能。那么在一个团队或公司里面，有没有一些人拿了高薪，却表现消极，出工不出力呢？有没有一些普通的员工，虽然收入很低，却始终在积极投入和认真工作？肯定有。这是因为他们的信念不同。

现在，很多的管理者只会采用两招来对员工进行管理，对愿景进行管控。他们发自内心地认为，只要拿出了金钱诱惑的胡萝卜和制度威胁的大棒，员工就只能乖乖听话，否则就会失去工作的机会和应得的待遇。

我们经常听到有的人这样训斥下属："不好好干，就开除你。"或者说："完不成任务，按规定你要受到惩罚。"然而事实上，没有一个员工真正害怕上司的威胁。离开了可以调动员工自主性的"信念"，只是盲目地使用金钱和惩罚两种工具，要驾驭员工是一件很难的事情。

最著名的授权法则

在现实的世界中，人们通常相信一种理论："我当然可以相信别人，可一旦涉及大笔资金或真金白银时，我就必须慎之又慎。"对此，我也曾有深切的体会，在一个很长的阶段内造成了巨大的心理阴影。在我 32 岁那年，我第一次负责一个部门时，就在授权和信任的过程中遭遇了一次可怕的打击，被一名下属骗走了一大笔资金，从而使我对授权给人这件事有了很长时间的怀疑。但是，几年之后，我经历了几次因为专权而造成的效率下降，终于再次下定决心，使自己重新回到了正轨。

在管理上，放权很重要。因为管理是一件极为复杂的事情，一个公司或组织如果做大了，事情将非常复杂，各种工作堆在一起，数量庞大，对分工的要求极高。这些事情，如果只是依靠管理者一个人去处理，即使他分身有术，恐怕也无济于事。一个人的智力和精力总是有限的，群策群力，才能将一项事业做大做强。

美国著名的管理行为学家布利斯有一句名言："**大凡一位好的经理，他的助手总有一副烦恼的面孔。**"

意思就是说，**凡是好的管理者，都懂得向其下属和助手授权**，充分调动他们的主观能动性去完成任务，而不是由自己来包揽一切，结果让自己累得愁容满面。授权是实现优异管理的良方，合理的分权可以让管理者在实现目标的时候事半功倍，以团队的力量展示自己的领导力。

为此，布利斯提出了一项著名的"授权法则"，其中包括四个基本原则：

① **相近原则**：我们要给下级直接授权，不要越级将权力下放。而且，我们应把权力授予最接近做出目标决策和执行的人员。这很重要，因为一旦发生了问题，就可以立即做出最迅速的反应。

② **授要原则**：授要是指抓住授权的关键，即我们授予下级的权力应该是下级在实现目标中最需要的、比较重要的权力和能够解决实质性问题的权力。

③ **明责授权**：以责任为前提进行授权。在授权时，必须同时明确其职责，让他清楚地知道自己的责任范围和权限范围，也就是懂得需要做什么，以及可以做什么。

④ **动态原则**：针对下级的不同环境条件、不同的目标责任以及不同的时间，应该授予不同的权力，不能教条化，也不可一成不变。

不过，在我看来，只是单纯地遵守这四项原则，在授权方面也无法做到非常全面。要想达到分权所希望的效果，我们还需要以互信作为基础。事实上，由于上司和下属之间缺乏足够的信任，尽管授权的管理理念已被大多数企业家所认可，但是在实际管理中能运用好授权的人并不多。而且，有些管理者在执行的过程中是一种起不到任何效果的假授权，他们给下属的授权范围是一些很小的管理事务。在大的和重要的方面，这些管理者几乎做不到充分授权；还有的老板，虽然表面上授予了下属很大的权力，却在背后设置种种障碍，使授权只体现在口头上。

之所以会出现这几种情况，就是因为授权者和下属之间缺乏信任，这是授权最起码的基础。如果你和你的手下缺乏相互信任，授权就无从谈起。你不相信他，他也不相信你，不要说承担责任了，不互相拆台就已经不错了，还谈什么紧密协作呢？

所以，一个管理者如果不信任团队和团队里的员工，就很难做到授权。即使他迫于无奈对下属授了权，也形同虚设。因为他一方面授权于下级，一方面又不放心，怕下级不能胜任，又怕下级犯错误，做出背叛自己的行为。这样没有信任的授权，不但起不到应有的效果，反而会使下属丧失动力，使工作效率更加低下，使管理陷入另一种难以收拾的混乱局面。

松下幸之助就是懂得授权管理艺术的优秀管理者。1926 年，他想在日本金泽开设办事处。他找来一个 19 岁的年轻人，告诉他说："我们准备在金泽建立办事处，希望你去主持，你立刻就去，找合适的地方，租下房子，资金已为你准备好了，你拿去立刻进行这项工作。"

年轻人很是吃惊，他不安地把自己年轻、不能胜任这项工作的情况告诉了松下。可是松下对他很有信赖感，而且很肯定地对年轻人说："你一定能做到，我会支持你的。"这个年轻人一到金泽，立即开展工作，并把每天的进展写信告诉松下。

第二年，松下有事经过金泽，年轻人率领全体员工去请董事长检查工作。为了表示信任，松下幸之助拍着年轻人的肩膀说："我相信你，你当面向我汇报就可以了。"那位年轻人非常感动，后来，金泽办事处越办越好，给松下带来了意想不到的利润。

松下幸之助回忆这件事时说："我用这种信任的授权方式去管理办事处还没有一个失败的，对人充分信赖，用充分授权来激励人，是培养优秀员工很重要的条件。"

最高明的授权并不是将权力交给别人就可以了，而是既要下放权力给员工，又要给他们被重视和被信任的感觉，然后你还要做到恰如其分的监督。我们既要检查和督促员工的工作，又不能使他们感到有权无力。**说白了，好的分权是一种基于信任和责任的委托**，这才是授权成功的基础。

通用前 CEO 杰克·韦尔奇有一句经典的名言："管得少就是管得好。"作为一个管理者，不但要管得少，更重要的是管得好。这是许多公司的老总不明白的，大多数人走向了两个极端，要么是管得太少，要么就是管得太多，唯独缺乏"管得好"。

对关键因素的控制

你要保证自己可以控制那些必须由你来控制的事情，并且成为出色的领导者。也就是说，具备领导能力的人，一定要将事情控制在自己的手中。你可以不亲自处理，但要保证它们按你的思路和预想发展，这才是成功的领导人物。

掌控力是什么？你伸出双手，然后用力握拳，这时你会感受到肌肉变得紧张。在持续几分钟以后，你就会感到有些疼痛。这表明，双手如果紧绷，我们就很难用它们去做其他事情。但是如果你将双手完全放松，在这种情况下，你就不会感到任何紧张的压力，不过，你也会发现，一双彻底放松的手也没有办法进行什么工作。我们只有将双手慢慢地举起来，活动它们，使自己能够感受到肌肉运动时的节奏，体会到自己在掌控它们。只有在这种情况下，双手才能控制自如。

这就是结论，神经紧绷或是精神松懈，对你而言都是错误的。这两种状态下，根本做不了任何事情，因为这都不是掌控的境界。由此，我们可以推出"正确的控制"是什么，那就是你拥有的掌控力能够使工作顺利完成，同时灵活而富有主动性，达到一种平衡的状态。

这是一种至关重要的能力，也是把握重心和驾驭全局的领导力的重要体现。在应该专断的时候，要果断地体现出这种掌控力，通过控制关键因素来控制全局。

　　默多克无疑以强势著称，两件工具为他的强势奠定了基础：电话和私人飞机。

　　在新闻集团工作的很多员工，也许对于默多克的电话开场白已经非常熟悉了："你好，我是鲁珀特·默多克。"早在1968年，当时三十七岁的默多克，其资产已达五百万美元，在经营管理上形成了果断、务实的风格。那时，他没有专门的办公室，以"电话管理"闻名。默多克不喜欢消磨时间的会议，痛恨使用因特网，但是在重大的节点性时间段，也会严肃地发邮件与中高层沟通，当然，说是指示更确切一些。

　　"对于自己想介入的事，他绝对事必躬亲，而且他为所欲为。"他多年的老部下如此评价他，"尽管年龄渐长，但他的行事风格一直未变。"

　　当你需要维护自己的根本原则和核心利益的时候，当你的核心原则遭受侵犯时，你就必须专断而且果断。

　　就像当年几名大股东反对默多克提拔自己的小儿子詹姆士担任英国天空卫星电视的CEO时，他立刻搭乘私人飞机赶到现场，最终以全票通过了这次任命。

　　专断的领导力会体现出某种强势者的气质，你必须能够自己拿主意，做出一系列正确的选择。当然，这是在必要的时候。在更多的情况下，我们的专断，不需要去关注计划和执行过程中的每一个细节，只要注意那些对于全局有重要意义的因素就可以了。**在对关键因素的控制上，领导者必须专断，不能诿责于他人。**这有利于提高控制的效率，引领计划的实现，以免你的团队偏离计划的路线，并始终让你在一个团体中高高在上。

CHAPTER 05
管理你的"魅力帝国"

除非一个人懂得怎样管理自己，否则，让其有效地管理他人是一种奢望。正像哈佛商学院的教练帕瑞克说的，综合管理自己，需要你掌握"积极思考"的技能，以及承受各种不平常压力的负面影响。

自我管理从哪里开始

到目前为止，我们对于自身意识（尤其是对自我的潜能）的认识，仍然处于一种未知的阶段。当你认为自己知道得越多的时候，需要学习的东西就更多。没有谁真正地了解自己的全部。这其实是自我管理的最大难题，因为人们对于自身的意识和能量往往缺乏足够的认识。

意识就像电一样（能量就像灯泡），它是已经存在并将永远存在的可用之力。它可以动摇并左右你的想象力。当你对本书的阅读进行到这一页时，相信你对于我们心灵的巨大潜能的认识已经很深。你应知道，**在你的心灵深处存在一个帝国，那里的巨大能量是我们与生俱来的能力，自我管理的目标是对它进行充分利用。**

人们总是在不停地寻觅、祈祷、张望和挣扎，力求实现自信和精神上的超越，获得他们渴望的物质条件。但多数人不知道，除了自己之外，没有其他任何个人或团体可以帮助他，包括家人、朋友、老板、政府和宗教信仰。

原因很简单，**改变我们人生的力量，全部的魅力就藏在你自己身上，因此你不必在自身之外去寻找。**西方有一句谚语："不要东张西望，天堂就在你心里。"我们天生就具有选择和实现梦想的能力。从一开始，答案就在你的内心，你一直都拥有足够的智慧、直觉和精力，去充分完美地展示你的人生。

要点在于，如何对自己实施综合管理。

　　你的意识是一个巨大的原子分裂加速器，它可以释放富有创造性的能量，这种能量会促使你大脑所构想和铭记的任何东西成为现实。而你大脑里的构想，有能力吸引它成为现实所需的一切元素。你的欲望和计划通过你的大脑，调动有序的能量，将你的构想和愿望变成一种清晰的现实。

　　所以，在对自我进行综合管理时，你必须记住这一点。学会用你的心灵磁力去吸引（而不是排斥）那些你想要的东西。

　　除非一个人懂得怎样管理自己，否则，让其有效地管理他人是一种奢望。正像哈佛商学院的教练帕瑞克说的，综合管理自己，需要你掌握"积极思考"的技能，以及承受各种不平常压力的负面影响。

　　管理压力能否使我们的潜力发挥到极致？很多管理者相信，压力能使人更专注，就像飞行器需要源源不断地供给燃料那样；而且，永远不要对自己满足，你要明白，压力是达到目标的必备要素。

　　接下来的问题才是，怎样开启自我发现的大门？

利用优势，撤销短板

在自我的优势与短板面前，我们首先要准备好两种态度——自信和反省，我们都同时需要。 也就是说，我们要确认一点，自己并没有想象中的那么差劲，也没有幻想中的那么完美。这是务实的态度，忽略优势将让你倍加艰难，而忽视缺点则让你无视危险，然后付出代价。

首先，只要找到了自身的优势，你就发现了通往成功的秘诀，开始一段自我成功之路。

美国的盖洛普公司经过大量的科学研究，提出了一项足以颠覆传统认知的优势理论。相关的研究小组指出：一个人之所以能成功，不是依靠弥补自己的缺点和缺陷，而是通过发挥自己的优势。

不幸的是，现实生活中，很多人对自己的才能和优势并不了解，他们更不知道如何充分发挥它们。相反，因为受到强大的传统观念的影响，人们更多地在弥补自身的缺陷、弱点。通常而言，大多数人认为，只有比别人的缺点更少，才有可能取得成功。

对于什么是自己的优势，如何才能发现自己的优势，盖洛普公司也给出了一个非常简单易行的办法：就是你可以每天在生活中问自己："我是否有机会做自己最擅长的事？"

当你如此询问自己时，如果你对于这个问题的回答是肯定的，那基本说明你正在发挥自己的优势。否则，你的人生就成了为生存而工作，可能毫无乐趣可言。对此，那些每天都烦恼不已的人体会很深。他们虽然做着大量的工作，每天都很繁忙，但没有一点儿成就感。他们会不断地告诉你："我烦透了，我活得一点儿都不快乐！"

我们同时需要在两个方面保持绝对清醒：

第一，你不要把自己和其他人都拥有的不当一回事，不要只把与众不同的专长当成自己的亮点；

第二，你也不要因为自己在一些方面有缺陷和不足，就看不到自己身上的亮点。

有一些优点是最为基本的，或许大家都可以做到，但你也不能将之视为无须提升的品质，比如，遵守时间、工作踏实、对人友善、能够接受别人的意见等。这些当然都是应该做到的，也是很多人都做到了的。如果你做到了，这些就是你的优点。如果你将它们强化，则可以成为你的优势，因为你做得比谁都好。

同样的，我们除了性格之外，都还拥有一些有价值的资源，能够给自己的工作、生活提供有力的保障，能够为自己的未来创造更多的价值。例如，年轻，身体健康，有一项专长，有某种突出的经验。那么，拥有了这些资源——假如别人相对来说不如你突出，你就有了展示亮点的资格，就有了寻找新机会的实力，做得比他们更加出色。只要你运用好优势资源，就能给你带来很好的回报。

现在，你需要问自己："我的缺陷是什么？"

在木桶理论中，每个人都有这样和那样的缺陷与不足，但有一些短板是很明显的，它会直接影响你能装多少水。比如有些人说，我的学历偏低，学的专业不好，工作经验少，这是我最大的短板。那么，这些人的生存发展就会受到这些短板的制约。

短板的存在是一种既定的事实。**不管这些短板对你的影响有多大，你的优点、你的资源依然存在，依然对你有积极的作用。**一句话，真正自信的人，从来都是从正反两面看待问题，他们不仅会看到不利的一面，也会看到有利的一面。

反过来说，如果你不能看到自己的缺点，自认为自己是完美的，这样是没有前途的，很难成就自我，自然也谈不上去成就别人。

优秀的行为准则

管理和约束自己永远都是最重要的。一位卓有成效的领导者，往往能使组织目标和个人需要完美地结合起来，从而产生出推动目标的巨大动力。

那么，我们如何实现这样一个完美的结合呢？

答案其实非常简单：恰如其分地运用激励与约束机制。正如肯尼·布兰查德在他的理论中所主张的：**"目标始发行动，而激励与约束则负责维持行动。"**

对于自己的行为约束，是一个优秀人物每日恪守的信念。显然这是尽人皆知的道理。然而，这些显而易见的原则，真正地实行起来，往往比我们所想象的要困难得多。不是每个人都乐意约束自己，人们只想去管住别人，让别人替自己办事，很少有人会为自己制订一套行为准则。

先约束自己，才能去约束别人。只有做到了这一步，你才能算是一个真正的领导者。批评别人很容易，而困难的是自我批评与自我控制。

艾森·豪威是美国财经界的优秀领导，身兼商业银行理事会的主席、信托公司的董事长以及许多大公司的老板。对于自己成功的原因，他说："几年来我一直有个习惯，就是把每天的活动都记录在一个小手册上，星期天晚上是我独处的时间，家人不会为我安排事情。因此，我就利用那段时间做一周的反省，打开记事手册，把一周来所有的会议讨论与拜访都仔细审查回想一遍，然后问自己:'我是不是犯了什么错误,该怎么做才对?怎么做才能促进自己的工作,我从错误的经验中学到了什么?'当然,有时候这种反省会把我弄得非常不快乐,惊讶地发现自己的失误竟是那么多。可是,随着日子的过去,自己的大多数短处逐渐有所改善,缺点也愈来愈少,这种自我分析、自我反省的修身功夫已经呈现出了结果。"

从他的这段话中,我们就不难明白,为什么他会在美国享有很高的社会地位。

一个行为合乎准则、做事计划性强的人,总是像钟表一样,使自己处于非常稳定的状态中,一般不会出现明显的中断。使他们坚持下去的并不是计划本身,而是他们对照自己计划的执行情况,不断地约束自己。计划对不能自主地约束自己的人而言,是没有任何实质性意义的,因为他们随时会被外界的随机事件所吸引。

行为第一准则:做自己的事

我们必须在自己的头脑中放置一把严格的尺子,用来衡量什么事情是该做的,什么是计划中要做的事情。从你的身边事物中找出它们以后,你就要随时提醒自己,看一看自己做得怎么样?做的进度如何?你可以说,自己遇到的所有事情都是自己的事情,但你必须知道,自己遇到的事情未必就是计划中的事情,而你需要选择那些计划中的事情去做。

不会约束自己的人,往往是哪儿有事情就到哪儿去,一般比较热闹的场合都少不了他们的身影。每天看上去很忙,可回到家里发现自己这一天一无所获。他们根本没有去做自己应该做的事情。长此以往,自己的无计划性和随机性就使做事的效率降低了许多。此时,如果还找不到自己该做的事的话,他们就会心烦意乱,魅力值大大降低。

总的来说，如果总不能约束自己去做计划中的事，就会自己扰乱自己的人生。

行为第二准则：不轻易地纵容自己

我们感到开心的事情不都是完成了自己的计划，而是可以抵御诱惑。有时，额外的新奇事物也会使你很感兴趣，面对这些诱人的事物，你很容易纵容自己，在没有完成计划所规定的任务时就去接触它们。其结果是，我们从中得到的不一定就是欢快，可能是一种自责或一种对自己没有完成计划的悔恨。

纵容自己的人一般被描述成三分钟热度，他们对于原定的计划执行的时间很短，对于自己的计划的约束作用还没有充分地理解，以为这项计划只是玩玩而已，过了一会儿就把它给忘掉了，或者发现了一个新的诱惑，就不能坚持既定的方针，偏离了轨迹。

计划就像你每天行动的轨迹，同时它也是你的潜能激发的必要保障。偶尔几次的纵容或许对于整体计划的完成没有太大损害，但经常这样，就会使你在自我安慰中毁掉自己的计划。因为任何计划都是需要用时间来完成的，你原谅或纵容自己做与计划内容无关的事情，你的计划就没有时间完成，也就失去了计划的意义。

你要把计划当成自己行为的检察官，而不是用兴趣来引导你的行为。做什么事情之前先对照一下自己的计划，计划之外的事情坚决不做。你要告诉自己，我的每个计划的结果都是很诱人的，不过，这是一个比较长远的目标，我要坚持到最后，才能摘取甜美的果实。

如果你只能满足自己一时的感官需要，就根本实现不了实质性的目标和处理掉麻烦的问题。

行为第三准则：及时地忠告自己

我们每个人都还不习惯于忠告自己，因为大多数人只接受别人的忠告——

假如这种忠告具备强迫性，我们就会执行，这是人的本性。对我们来说，这是一个很不好的习惯。你要学会对照计划对自己及时提出忠告，避免自己的惰性和对于事情的推脱。

当我们反思自己的计划的执行情况时，总会发现自己或多或少地违背了计划的初衷。此时，不需要我们贬低式地责怪自己，因为这会挫伤我们完成计划的自信，我们只需要对自己提出必要的忠告。

在内心一定要对自己说，"你应该修正你的做法，这样会保证计划的如期完成"，"你的计划里可不允许出现这类事情"，"你必须真实地执行自己的计划"，等等。

对自己发出忠告一定要及时，当出现偏差时就对自己进行忠告，这样会使损失减少到最低。同时，也会增加你对于计划的敏感性。我们也会发现自己的行为偏离了原定的计划，但往往因为我们没有及时对自己发出忠告，使我们的行为越来越远离我们的计划。

等到我们觉醒时，才发现一切都已经来不及了，你就会有回天无力之感。如此一来，往往会动摇你执行计划的自信和你对于自身行为价值的判定。

优秀人物的行为准则

○节 制

控制欲望的发泄，不因纵容而误事。

○缄 默

不利于别人的话不说，不利于自己的话不讲，避免浪费时间于一些琐碎闲谈之中。

○秩 序

将日常用品都整理得井井有条，把每天需要做的事排出时间表，保证自己的办公桌上永远都井然有序。

○决 断

必须执行你要做的事，必须准确无误地执行你所下定的决心，无论遇到什么情况都不改变计划。

○节约

除非是对别人或对自己有什么特殊的好处，否则不要乱花钱，不要养成浪费的习惯。

○勤奋

不要浪费时间，永远做有意义的事情，拒绝做没用的事情，对自己的人生目标持之以恒。

○真诚

不虚伪，不欺诈，做事要以诚挚、正义为出发点。如果你要发表意见，必须有根有据。

○正义

不伤害或者忽略别人。

○平和

避免极端的态度，克制对别人的怨恨情绪，尤其是克制自己的冲动。

○整洁

保持身体、衣服或住宅的洁净。

○镇静

遇事不慌乱，不管是一些琐碎小事还是不可避免的突发事件。

○贞洁

学会必要的清心寡欲——减少不洁的欲望，绝不做干扰自己或别人安静生活的事，或有损于自己或别人名誉的行为。

○谦逊

抵挡住享乐的诱惑和金钱的吸引，对于炫耀自己永远不要有非分之想，对于利益的引诱和邪恶的事情保持心扉的关闭。这应是你终生的准则。

压力和时间的管理

克服非理性的想法

我们的生命在本质上是不能遏止的盲目和冲动，如果你对此深感疑虑，不要紧，我曾经也对这个结论表示过怀疑，但是时间久了，你一定会如我一样在心灵深处发现一个"饥饿的意志"。通过长久的生活，你还能感受到，人世的追逐、焦虑和苦难都是由它而来的。从另一种角度来说，意志是人生苦难的源泉。而从人性的角度来看，每个人的内在都存在着一个"贪欲之我"，欲求是无休止的，满足是短暂的，缺憾却经常出现。这就导致大多数人的常态是非理性的，他们沉溺于欲求与挣扎，这构成了他们全部行为的本质，而你要做的就是克服它们。

压力管理的第一步，就是保持自己理智与情感的平衡。可是，我们如何才能保持理智与情感的平衡？

有四种因素会阻碍人们保持这种平衡：

第一，我们不了解自己和对方的情绪；

第二，虽然我们常常有意识地控制自己的情绪，但有时情绪急速波动，以致我们不由自主地受它支配；

第三，即使理智本身战胜了情感并左右我们的行为，我们仍不能把握好那部分情绪，不管我们怎样将其掩盖，或是否认它的存在，事后它还是会冒出来烦扰我们；

第四，所有这些问题的根本原因在于我们对情绪的产生没有心理准备。

我们常常对于非理性的感情毫无察觉。在不知不觉中，人们就已经被不安、沮丧、恐惧或愤怒等情绪所左右，并影响到自己的一举一动。在你还没有觉察到自己的愤怒时，别人可能早就注意到你的颈部肌肉已经紧张起来，脸部开始涨红，说话声音也变了调。这时，你已经失去控制了。

对于别人的情绪，我们了解得就更少了。即使你试图掩盖自己的愤怒或恐惧，它还是会在不知不觉中影响你的行为：你说话的语调、坐姿、呼吸频率等。你也会下意识地注意到这些迹象，相应地也会觉得不安，开始担心或变得固执。如果双方都没有注意到自己或对方的情绪，就很难控制表达自己感情的方式，那么双方处理实际问题的能力就会受到影响。

你必须意识到这种情况的存在，承认感性会不由自主地占据主动地位的现实，然后才能做出最为合理的举措，采取正确的方式释放自己的压力。要做到这一点，我们应当学会观察肢体所传达的感情信号。通过观察身体各部位的情况，能从中得到有关自己情绪的重要信息。比如，我的肠胃是不是感到不适？下巴的肌肉是否绷得很紧呢？还有，我是不是攥紧了双拳，还是使劲抓着什么东西了？我说话的声调提高了吗？

这些重要的动作不可忽视，因为它们多半传达着愤怒、沮丧或害怕的情绪。你要管住自己的行为，就必须注意到这些情绪。当然，仅仅注意到还不足以控制行为，我们要做的还有很多。因为有时候，你可能意识到了，但没等自己做出理性的决定就已经贸然行事了。

心理学家认为，在发育的过程中，大脑最先产生本能和感性反应。随后，大脑才会变得越来越理性，并逐渐可以控制一些低层次的本能反应。但险恶环境可能直接引发感情和生理上的反应，导致理性思维出现"短路"。即使是稍有害怕或产生不信任感，也会让我们本能地有所行动，如一走了之。短期来看，这样做虽然保护了自己，但对理智地解决问题不利。

害怕遭到抛弃也会导致同样的冲动反应。如果妻子威胁要离开丈夫，丈夫可能会怒不可遏、孤注一掷，这种情绪显然无助于解决导致妻子威胁要离开他的问题。另一方面，如果不容侵犯的自尊心受到威胁，人们通常会感到不安、害怕和愤怒，这些情绪会成为理智解决问题的障碍。最后，有自卑倾向或担心失去自尊的人，通常会在争执中固执己见。因为他们害怕丢掉面子，最终却使结局变得更糟。

有时候，我们失败或犯错误时就不自觉地为情绪所左右，其目的是逃避责任。

从长远来看，如果你总是用非理性的情绪压制别人，那么只能制造麻烦，而不能真正地解决问题。

在压力下，你为什么缺乏自信？

许多人在放松的状态下口若悬河，自信满满，一旦面临压力，就手足无措，原形毕露。也就是说，大多数人在压力下的自卑是一种常态。因为压力过大，他们缺乏自信，并且找不到原因。

可以这么说，是人们在超压的状态下，自己把自己搞得没了自信，从而影响了自己的魅力。**最大的敌人是你自己，而不是外界的压力或他人。**

要解决这种情况，就需要进行积极的自我心理暗示——这几乎是唯一的方法。你要不断地对自己进行正面心理强化，同时避免对自己进行负面的引导。当你碰到困难时，一定不要放弃，坚持对自己说："我能行！""我很棒！"或者"我能做得更好！"等等，这有利于事情的改善。

重复一些强化信心的词语，这是一种很重要的正面自我心理暗示，有助于不断提升自己的信心。

自信的形成，也与你在应对压力前的准备是否充分有关。从事某项活动前，如果你能做好充分的准备，那么你在做事的过程中必然较为自信，从而有利于顺利地完成这件事情。一旦这项活动做得很成功，反过来又会增强你的整体自信心。

最后，给自己订立的目标要恰当合理。目标太低了，轻易地就能实现，对提高自信心没有多大帮助；如果目标太高了，不易达到，对自信心反而破坏更大。

恰当的目标是：用力跳起来的时候，伸手刚好能碰到。

突破对于"意义"的疑问

一个人不需要总是执着于做事的意义和自我的怀疑，进而放弃之前的决定，陷入总是半途而废的怪圈当中。也就是说，当我们面临一项艰巨的任务时，在亟须处理的细节问题尚未得到解决时，将眼睛盯着空洞的意义和最终价值，对解决问题和释放压力没有任何帮助。

对于时间的管理

通俗地说，**时间管理就是我们运用相关的工具帮助自己有效地运用时间。**除了要决定我们该做些什么事情之外，另一个很重要的目的是决定有什么事情是不应该做的——至少当前的阶段不必将它提上日程。

需要澄清的是，时间管理并不是让你完全地去掌控自己的时间，而是降低其中的变动性和不可预测性。最重要的功能是通过事先的规划，作为一种对人生进度的提醒与指引，使自己可以在时间的利用方面做到最好。

时间管理是人生成功的关键，它使我们在忙碌中可以从容地调配时间与精力，规划未来，列出优先顺序，依据轻重缓急设定短期、中期、长期目标，再逐日制订实现目标的计划，将有限的时间、精力加以分配，争取最高的效率。同时，在本质上，提升自我管理的水平。我们追求的目标并不是时间与事务的安排，而是使我们的工作和生活保证产出与产能的平衡。

拓展时间的宽度

我们每个人其实都无法延长时间的长度，但可以努力地拓展时间的宽度。比如，你不要固执于解决不了的问题，而是可以将问题记下来，让我们的潜意识和时间去解决它们。这有点儿像踢足球，如果左路打不开，就去试试右路，如果右路还打不开，就去尝试中路突破。总之，在遇到障碍时，尽量不要钻牛角尖，而是拓展想象力，让有限的时间为我们释放更多的能量和智慧。

○ 避免无谓的争论

你必须知道，那些无谓的争论不仅影响情绪和人际关系，而且会浪费大量时间，到头来往往还解决不了什么问题。一个人说得越多，那么往往做得就越少。聪明人和那些优秀人物，在别人喋喋不休或争论得面红耳赤时，常常已经走出了很远的距离。

○ 树立成本观念

时间的宽度拓展所涉及的其实就是成本的节省。比如在生活中，有许多属于"一分钱智慧，几小时愚蠢"的事例，像为了省下两元钱而去排半小时的长队，为了节省两毛钱而步行三站地，等。看起来是一项美好的品德，却极不划算。

我们对待时间，要像经营自己的生意一样，时刻要有一个成本的观念，要算好每一笔账。

倒计时心态

著名的效率大师艾维利不止一次地出现在我们的课程里，他在向美国的一家钢铁公司提供咨询时，提出了一种六小时优先工作制，然后使这家公司用了五年的时间，从濒临破产一跃成为当时全美最大的私营钢铁企业。

艾维利因此获得了 2.5 万美元的咨询费作为报偿。故而，管理界将该方法喻为"价值 2.5 万美元的时间管理方法"。

这一方法的奥妙在哪里？它要求人们把自己每天所要做的事情按照重要性进行排序，分别从"1"到"6"，标出六件最为重要的事情。早晨起来，就先全力以赴做好标号为"1"的事情，直到它被完成或者被完全准备好，然后再全力以赴地做标号为"2"的事，以此类推。

艾维利认为：一般情况下，如果一个人每天都能全力以赴地完成六件最重要的大事，那么，他一定是一位高效率的人士。这在本质上就是倒计时心态。将要做的事情进行倒计时处理，使自己始终存在一种"事情紧急，我不能偷懒"的危机感，使做事的效率大为提升。

另一种倒计时心态的经典理论是"三十秒电梯理论"，它来自著名的麦肯锡。

麦肯锡公司曾经有过一次沉痛的教训：该公司曾经为一家重要的大客户做咨询，咨询结束的时候，麦肯锡的项目负责人在电梯间里遇见了对方的董事长。这位董事长问麦肯锡的项目负责人："你能不能说一下现在的状况呢？"由于他对此完全没有准备，而且即使有准备，也无法在电梯从三十层到一层的三十秒钟内把状况说清楚。

最终，麦肯锡失去了这一重要客户。

从此，麦肯锡就要求公司的员工，凡事要在最短的时间内把情况表达清楚，要直奔主题和结果。麦肯锡据此认为，在通常情况下，人们最多记得住一二三，却记不住四五六，所以凡事要归纳在三条以内。这就是如今流传甚广的"三十秒电梯理论"，或者叫作"电梯演讲"。

拒绝拖延——一分钟强制法则

当需要马上做一件事时，为自己制定一分钟的强制时间，即"我必须在六十秒钟之内开始行动"。我曾在培训课上详细介绍了六十秒训练的过程，以及一分钟强制法则的使用方法和在生活中的训练要点。

它的巨大功效无可置疑，不但能够有效地缩短时间的长度，而且对于时间宽度的拓展也具有积极意义。

一分钟强制法则：

1. 有计划地使用时间。不会计划时间，等于计划失败。

2. 目标明确。目标要具体，具有可实现性。

3. 将要做的事情根据优先程度分先后顺序。80%的事情只需要20%的努力，而20%的事情是值得做的，应当享有优先权。因此要善于区分这20%有价值的事情，然后根据价值大小，分配时间。

4. 将一天从早到晚要做的事情进行罗列。

5. 要具有灵活性。一般来说，只将时间的50%计划好，其余的50%应当属于灵活时间，用来应对各种打扰和无法预期的事情。

6. 遵循你的生物钟。办事效率最佳的时间是什么时候？将优先办的事情放在最佳时间里。

7. 做好的事情要比把事情做好更重要。做好的事情，是有效果；把事情做好仅仅是有效率。首先考虑效果，然后才考虑效率。

8. 区分紧急事务与重要事务。紧急事务往往是短期性的，重要事务往往是长期性的。给所有罗列出来的事情规定一个完成期限。

9. 对所有没有意义的事情采用有意忽略的技巧。将罗列的事情中没有任何意义的事情删除掉。

10. 不要想成为完美主义者。不要追求完美，而要追求办事效果。

11. 巧妙地拖延。如果你不想做一件事情，可以将这件事情细分为很小的部分，只做其中的一小部分就可以了，或者最多花费十五分钟时间去做其中最重要的部分。

12．一旦确定了哪些事情是重要的，你对那些不重要的事情就应当说"不"。

13．奖赏自己。即使一个小小的成功，也应该庆祝一下。可以事先给自己许下一个奖赏诺言，事情成功之后一定要履行诺言。

14．你一定要确立个人的价值观，假如价值观不明确，你就很难知道什么对你而言最重要。当你的价值观不明确时，时间分配一定很难做好。时间管理的重点不在于管理时间，而在于如何分配时间。你永远没有时间做每件事，但你永远有时间做对你来说最重要的事。

15．设立明确的目标。成功等于目标，时间管理的目的是让你在最短时间内实现更多你想要实现的目标——你必须把这个年度四到十个目标写出来，找出一个核心目标，并依次排列重要性，然后依照你的目标设定一些详细的计划，关键就是依照计划进行。

16．改变你的想法。美国心理学之父威廉·詹姆士通过对时间行为学的研究，发现这样两种对待时间的态度——"这件工作必须完成，但它实在讨厌，所以我能拖便尽量拖"和"这不是件令人愉快的工作，但它必须完成，所以我得马上动手，好让自己能早些摆脱它"。当你有了动机，迅速踏出第一步很重要。不要想立刻改变自己的习惯，只须强迫自己现在就去做你所拖延的某件事。然后，从现在开始，每天都从你的计划表中选出最不想做的事情先做。

17．为自己安排"不被干扰"的时间。你每天至少要有半小时到一小时的"不被干扰"时间。假如你能有一个小时完全不受任何人干扰，把自己关在自己的空间里面思考或者工作，这一个小时可以抵过你一天的工作量，有时候甚至这一小时比你三天的工作效率还要高。

18．严格规定完成的期限。帕金森（Cyril Northcote Parkinson）在其所著的《帕金森法则》(Parkinson's Law)中写下了这一段话："你有多少时间完成工作，工作就会自动变成需要那么多时间。"如果你有一整天的时间可以做某项工作，你就会花一天的时间去完成。而如果你只有一小时的时间可以做这项工作，你就会更迅速有效地在一小时内完成。

19. 做好时间的管理日志。你花了多少时间在做哪些事情，把它们详细地记录下来，早上出门（包括洗漱、换衣、早餐等）花了多少时间，搭车花了多少时间，出去拜访客户花了多少时间……把每天花的时间一一记录下来，你会清晰地发现浪费了哪些时间。这和记账是一个道理。当你找到浪费时间的根源时，你才有办法改变。

20. 理解时间大于金钱的真理。你要学会用你的金钱去换取别人的成功经验，一定要抓住一切机会向顶尖人士学习。仔细选择你接触的对象，因为这会节省你很多时间。假设与一个成功者在一起，他花了四十年时间成功，你跟十个这样的人交往，你就是浓缩了别人四百年的经验。

21. 每一分钟每一秒都做最有效率的事情。你必须思考一下要做好一份工作，到底哪几件事情对你而言是最有效率的，列下来，分配时间把它们做好。

正确的价值观管理

我们在前面已经深入地探讨过价值观的重要性，它是指引组织为了某一特定系统的生存或优化而选择某些行为的优先战略，是在组织和个人的行动中体现出来的价值信念。价值观管理作为一种管理理念和实践，逐渐成为可持续、富有竞争力，以及更加人性化的文化的主要驱动力。

首要的领导力就是组织文化与组织战略目标的协同一致，这可以通过创造一种共享价值观的文化，明确或隐性地指导组织和个人日常所有层面和所有功能的活动来实现。

你的目标将是管理和导向自己的同心力，凝聚团队中的内在的潜能。

我的行为不仅代表"我"

管理者的形象不仅代表着自身，也代表着员工和企业的形象，更关系着企业的声誉和效益。管理者要把自身的形象放在与工作同等重要的地位来看待。

这里所说的形象，并非狭义地指管理者的外貌，而是指管理者在公关活动中表现出来的综合素质，包括管理者的外形及言谈举止等。管理者要改善自己的形象，就必须从各个方面做起，才能做到风度潇洒、举止得当。

　　美国前总统福特在应对记者、保护形象方面做得极其成功。当尼克松总统声名狼藉时，福特上台了。为了挡住记者们的唇枪舌剑，他总说憨人有憨福，不惜韬光养晦，"自己作践自己"。记者揶揄，他的大脑因在打橄榄球时受伤而变得愚钝，福特在召开记者招待会时，以戴上球帽的做法含蓄地进行回击。福特的精明在于，他在别人攻击他无能平庸前，已早早坦率地承认自己的平庸和无能，记者再杜撰他的笑话，就只能是自讨没趣，而福特总统的形象也毫发无损。

　　树立一个良好的形象，绝非一件易事；而要毁掉一个形象，却可以不费吹灰之力。

利他才能利己

　　我听到美国纽约梅西百货公司的老板说："我有一点不理解中国人，促进销售怎么一定要靠降价呢？在我的商场里绝没有这样的概念。我们靠的是诚信，在卖商品的同时卖出的是我们的文化。到过我们商场的人都知道，无论什么商品，只要一进我们梅西，价格就会翻倍上涨，而消费者宁愿到我们的商场里买高价的商品，也不愿意在其他商店里买低价格的同样商品。"

　　当梅西人谈到这个观念时，我大惑不解，这是为什么呢？随后我们进行交流时，我才明白了一个道理，在挣钱时不要忘了"利他"。

　　一个客户只要到梅西商场来购物，一定会买到自己最满意的商品，这一点是靠员工做到的。比如，你去买一件衣服，员工会了解你穿这件衣服去干什么，而后根据你的身材、相貌、气质等推荐适合你的衣服和颜色，直到你满意为止。当你买回去感到不合适又来退货时，员工会很热情地收回商品，退给你钱，并像亲人一样把你送出商场。

　　可是在有些商场，只要你把东西买走了，想退货可就难了，跑十趟也不见得能退。这是为什么？是人的观念。形成人们工作观念的是企业的文化。梅西人说：你是服务者，你挣的就是服务的钱，你的工作就是要让别人在这里满意，明知这里的商品昂贵，还愿意在这里购买，这就是品牌。全体员工塑造的这个品牌就是文化。如果商家为了挣钱，从来不考虑消费者买得是否满意，这样的商家是难以做大做强的。

你想挣钱没错，但你不能影响到别人的利益。即使作为强势的"甲方"，如果不关注合作者的意愿和利益，也很难达到理想的目标和效果。业主面对客户，上级面对下属，都是同样的道理。为此，企业家必须常常换位思考，有时候主观"利他"也许正是实现客观"利己"的道与术。有一些企业家为了销售额不惜大打价格战，你降一我降二，在商战中拼得鲜血直流。虽然把商品卖出去了，自己也赔得日夜心疼，企业员工为此付出的劳动还不能得到应有的回报。这就是我们的观念出了问题。

你在挣钱时用了什么样的文化理念？有没有给他人留下充分的利润空间？你有什么观念，你就挣什么样的钱；你挣钱时让别人也挣，你的钱就挣得持久、挣得丰厚。

建立高度自觉的团队

团队必须高度协同一致。

团队的领导者只有首先适应这种特性，才能逐步摸索和探寻对其进行改善的方法，这样才能收到实际效果。

改造团队，从自己做起。这个理念主要包括以下三个要旨：

○自觉

在团队管理中，当别人客气的时候，必须提高警觉，自动讲理，不管对方怎么说，自己要赶快衡情论理，表现出合理的态度和行为。

中国人讲求"由情入理"，喜欢采取"给足面子，让他自动讲理"的方式，借由客气的口吻来点醒对方："最好赶快清醒过来，自觉地讲理，以免闹得彼此都下不了台。"有了面子，则应该赶紧按照常理去做，这就是所谓的"自觉"。如果有了面子之后，还认为对方一点儿都不介意，不懂得赶快调整自己，甚至得寸进尺，就是"不自觉"的表现了。

○ **自律**

当不满意团队成员的表现时，不能直接加以指责，也不能立刻与其讲道理。最好先给其面子，用情来点醒他，使其自动讲理，合理地调整其言行。作为团队的领导者应该处处克制自己，时时提醒自己。任何人都可能有糊涂的时候，不可以一下子就将其逼到死胡同，使其没有自我改善的机会。这种态度就是所谓的"自律"，即自我管制恰到好处，可以减少很多无谓的麻烦，节省许多时间和精力。

○ **自主**

在团队中的个人也应该随时提醒自己，必须以自动自发的精神来维护自己的自主权。因为，一旦被动，处处依赖别人的指示，势必会丧失自主的权利，成为一个不够资格自立的人。

人有自主性，可以自行决定自己是要主动还是被动。有心主动的人，仍然可以保有其自主性；若是选择被动，则要接受别人的支配和指使，会逐渐丧失自主性。

团队的力量体现于高度的协同一致，高度的协同一致对于团队的必要性，如何形容都不过分。

对团队进行管理，领导者务必保持团队高度的协同一致性，如果不能达到高度的协同一致，就意味着团队内部没有形成凝聚力。

1. 分工导致团队成员对关怀的需要

现代的科学管理强调的分工，实际上对于团队高度的协同一致是有负面影响的。在现代化的生产作业中，分工越细，工作团队中的成员能够享受到的工作乐趣也就越少，工作变得日渐枯燥乏味。在这种情况下，团队成员工作没有乐趣，没有技术，更谈不上发展，所以更需要有领导者来予以关怀。在团队管理中，应该让所有成员都意识到，如果不能合作，分工是完全没有价值的。

2. 高度的协同一致重在自发

要实现中国式团队管理的顺畅，形成团队内部高度的协同一致，其成员必须有自发的意愿，即愿意配合。从这个角度来看，团队管理的核心在于配合，配合得越好，团队的工作成果和绩效就越高；反之，配合得不好，则意味着资源的浪费。

3. 目标应该光明正大，领导需要大公无私

美国人强调的是法律约束，日本人突出的是社会约束，而对于中国人起作用的是道德和良心的约束。所谓"良心"，实际上就是每个中国人衡量事物标准的一把看不见的尺子，只有在道德和良心的约束下中国人认为值得做的事情，自己才会投身其中。

正因为道德和良心这把尺子在起作用，所以团队组织的目标一定要光明正大，而团队的领导在管理过程中需要表现得大公无私，才能顺应团队成员的人心，建立起相互的信任，进而打造出高度协同一致的团队凝聚力。

CHAPTER 06

人际魅力第一要素：
洞察力

当你能够洞察到对方内心深处的共鸣区域时，
无疑如同打开了一扇深度交流的窗口，这是打开别
人心灵最重要的环节。这个窗口可以帮助我们和他
人完成情感铺垫，进而深入地沟通。

透过现象看本质

洞察别人的心理状态重要的社交能力，甚至可以说，这是一个人的社交魅力的核心能力。当一些人看到别人的行为时，不尝试去了解对方的处境和感受，便从他的行为中判断这是一个怎样的人，然后急切地做出选择。我们只能遗憾地说，这样的人只能看到现象，却无法了解现象背后的本质。

在我们魅力课题的研究中，曾经向参与者描述一个人的行为，然后请他们将这个人的资料转述给另一位参与者听。在转述的过程中，有些人便不可避免地自发地加入了一些对于人物的性格和道德的主观判断（例如"他是一个不可思议的家伙"），而有些人则主动地对人物的内心世界进行剖析（例如"因为他想竞选州议员，所以对有权势的人所做的坏事视若无睹"）。

在这项测试研究中，我们也调查了参与者与他的父母、师长、朋友和不喜欢的人交往的情况。最后我们发现，那些越倾向于做出性格道德判断的人，社交能力就越差。与此相对应的是，越是倾向于做出内心剖析的人，社交能力也就越强。

内心剖析表现出来的就是洞察本质的能力，而道德判断则往往基于一些表面的行为和现象。主动地对他人做性格判断和道德评价的行为，对一个人社交能力的发展是不利的。只有尝试去了解别人的内心感受，才对社交能力的发展有利。

为什么会这样？这关系到人们对于性格和道德的看法。

前者认为，人的性格和道德是不可改变的，每个人的道德水平和性格都会固定不变。他们说："好人就是好人，坏人就是坏人！"在他们眼中，好人会好一辈子，坏人永远都是坏人，而且世界上的人不是好人，就是坏人。非黑即白的思维主宰了他们的大脑。所以，在与人交往时，他们的注意力便集中在从别人的言行举止中来推断对方具备哪一种性格。一旦形成了看法，他们就会固定下来，并且不会轻易改变。这使他们在人际交往中非常被动，因为他们很容易产生极端的观点，对人的判断犯下大错。

后者不同，他们相信性格和道德都是有变数的，一个人的道德和性格是可以改变的，是一种动态变化的个人素质。因此，这些人在社交场合中，并不会急于判断别人的性格和道德水平。反之，他们会较留心于一些可变的因素和行为之间的关系。譬如，他们会较留心环境因素的改变如何影响一个人的心理状态，而心理状态的改变又是如何影响一个人的行为。这使他们更能透过现象看到本质，抓住对方的心理。在观察的角度上，他们也总能做到客观和理性，不会走极端。

我们问了参与者一些很简单的问题：

"甲在旅行时给部门的一位同事买了一些纪念品，可能的原因是什么？"

"乙将一盒橙汁倒在了同学的图画上，可能的原因是什么？"

习惯于做出道德评价并相信性格是不可改变的人，大多数做出了"甲是一个善良的人，而乙则是一个无赖"等这样对人品判断式的回答。但是，重于内心分析的人更多地从动机上进行解释，比如"甲想取悦他的同事，而乙则嫉妒他的同学"。后者较为留心别人的行为动机和做事的情绪状态，这使他们能够看到行为发生的背景，以及行事者的心理状态。

如果你要看透现象背后的本质，就应该着重于对行为做内在的分析，而不是只去评价行为的好与坏。如此一来，我们就不容易因为对人做出了以偏概全的评价而产生偏执和成见。近些年来，我们通过大量的研究证明：在美国，那些相信"人的性格不可改变"、重视行为本身定性的人，相比相信性格是可以改变的人，对社会上的少数族群的成见较深。

透过现象看本质，我们需要五个必要的步骤，才能获得较为准确的结论。

1. 搜集和掌握充足的信息

如果我们手里没有掌握信息，就什么都谈不上。就像对着一面空镜子，里面什么都没有，那么做出的结论只能是捕风捉影，没有说服力。现象都看不到，还谈什么本质呢？所以，第一步是尽可能多地搜集对方的信息。

2. 运用恰当的思维方式

在准备分析信息时，选择恰当的思维方式非常重要。通常，人们思考问题的方式都有一种惯性，会伴随着不断的实践，趋向于达到一种合理的形态，然后固化下来。你要警惕这些固化思维的影响，因为并非每件事情、每个人或者每种信息，都可以用你的自认为是正确的思维来进行分析。

你必须就事论事地挖掘事物的本质，或者充分地发挥想象力，去创新自己的思维，寻找事物间的关系。我们分析问题，就是为了发现关键要素，找到问题背后的根本规律。随着经验的增长，我们做出的判断也会越来越正确。只要能把握好分寸，分析问题的思维方式就会运用得比较恰当。

3. 寻找所有信息间必要的关联

看似庞杂无序的信息之间会存在着一些联系。如现象 A，它会影响到现象 B；现象 C 则是现象 D 的子项；现象 E 又导致了现象 A 和现象 B 的发生。那么，只要找到它们之间的这个规律，再把它们串联起来，就能列出一个有用的观点，排除那些无用信息。

4．抽出那些关键的关联进行判断

在这些有关联的信息中，最重要的是发现那些最关键的一对或几对信息小组。我们可以根据自己的知识、经验等判断哪些信息是关键的，哪些现象可以说明这个人具有举足轻重的影响，哪些事情对于全局具有重大意义。

有时，分析的结果并不一定完全正确，可能会有失误，在这个环节上出现的差异比较多，因为人与人的经验、知识等会有很多不同。同一个信息，有人可能会认为是关键的，有人却可能认为是普通的。这没有关系，重要的是，我们要在"自己的需求"的基础上，结合这些信息进行判断。

5．形成最终的明确结论

将分析这些信息的过程完成后，形成一个富有逻辑的尽可能接近真相的结论。这时，我们距离"现象背后的本质"就不远了。

抓住四个洞察角度

对一个人的"听言"和"观行"

最简单和有效的观察角度，无疑还是传统的两种：一是"说什么"，二是"做什么"。听言和观行两者是需要综合分析的，永远不能只听其言、不观其行，或者只观其行、不听其言。否则，就会使你在人际交往中陷入困惑和被动。

表情的运用和分析

除了言行，你还需要善于观察他人的面部表情。面部表情是一种在交际中十分重要的身体语言，是指通过我们的眼部肌肉、面部肌肉和口部肌肉的变化，来表达我们内心的各种情绪状态。比如，眼睛和眉毛不但可以传情，还可以交流思想和情绪；嘴巴不但可以吃饭，还是重要的表情符号。在表达伤心或喜悦时，口型变化都会非常明显。

人的面部表情大体可以分为八类：

① **感兴趣时**：兴奋的表情；

② **高兴**：喜欢的表情；

③**惊奇**：惊讶的表情；

④**伤心**：痛苦的表情；

⑤**害怕**：恐惧的表情；

⑥**害羞**：羞辱的表情；

⑦**轻蔑**：厌恶的表情；

⑧**生气**：愤怒的表情。

总的来说，人的眼睛和口腔附近的肌肉群是面部表情最丰富的部分，一个人超过 80% 的表情都是由它们来完成的，这是我们观察的重点。

人们真正感到悲伤时，嘴唇的两角都会不由自主地往下垂落，这是一种本能反应。在这个世界上，大约只有 10% 的人能够做到控制自己嘴角的肌肉，克服潜意识和本能对于表情的支配。假装的表情通常会弄巧成拙，很难逃过精明的观察者的眼睛。

观察一个人的脸色，然后获悉对方的情绪，有很多需要注意的细节，就像我们通过天上云彩的变化来判断天气一样是同样的道理。从表情的变化中，洞察对方的心理活动。比如，一个人遇到高兴的事情的时候，脸颊的肌肉会松弛；而一旦遇到悲哀的状况，就很容易泪流满面，或者满面愁容。当然，聪明人很少会将这些属于"自身弱点"的内心活动暴露出来，他们会有意地加以控制。所以，如果你只关注表面信息，就可能判断失误。

在商业谈判中，当你提出自己的条件、表达了自己的诚意后，也许对方会笑嘻嘻地给予回应，露出满意无比的表情，使你很安心地觉得自己的这次谈判成功了。

他笑着告诉你："我明白了，你说得很有道理，这次我一定考虑考虑。"

可是最后的结果呢？很可能是谈判仍然以失败告终。这是因为，你只看到了表情符号所表现的表面意义，而忽视了表情背后隐藏的心理状态，以及这些表情的真正意义。

只是简单地从表情上判断对方的情感，是不能观察到真正内心的。当你从表情的角度去观察时，想发现对方的心理情绪，要注意两个方面：

① 一个人没表情，不代表他就没有情绪。

面无表情的人在生活中极为常见，我们会看到，不管别人说了什么、做了什么，他都是一副无所谓的面孔。这并非冷漠，而是他内心的活动没有呈现在脸部的肌肉上，而是潜藏在内心。你要清楚，越是没有表情的人，隐藏的情绪可能会越强烈。

比如，下属不满你的言行，但他敢怒不敢言，只好装着没什么事的表情，对此显得毫不在乎。其实他内心深处的不满已经很强烈了，可能为此气愤了好几天。他只是不想或不敢表现出来，努力压制自己的情绪。如果你这时仔细地观察他的面孔，一定能通过细微之处发现他的脸色不对劲——没有人可以做到百分之百的"冷漠"。

当你碰到这种人时，最好不要直接指责他，或者当场让他难堪。你如果想体现出自己的魅力，最好找一个私密的空间，轻松并真诚地对他说："如果你对我有什么意见，不妨说出来听听。"体现出对他的尊重和理解，才能安抚下属竭力压抑的情绪，让他主动说出心声。

与毫无表情的人要避免正面交锋，也不用讲太多的话。你必须具备的态度是开诚布公，与他充分地交换意见。这样，你就能够聆听他的心声，同时在他面前树立自己的好形象。

② 人在愤怒、悲哀或者憎恨到极点时，甚至会表露出相反的表情。

许多人脸上在笑时，内心却在哭。我们每个人都有过类似的经历，有时你哪怕对一个人满怀敌意，表面也要装出谈笑风生的样子，一言一行也要落落大方。有时你的内心充满了悲愤、伤心，可在人前只能勉强露出开心的笑容。

这是因为，人们觉得如果将自己内心的欲望或者想法毫无保留地表现出来，会让周围的人看到自己的弱点，或让对方看清自己真实的想法，恐怕会带来不利的结果。所以，这样的极端反应其实是不得已而为之。

因此在观察表情时，要注意这种可能性：笑着的人未必就是高兴；表情阴郁的人也未必就真的在生气。很多时候，当人们把苦水往肚里咽时，脸上却是一副甜甜的样子。反之，有的人耷拉着脸，一声不吭，好像在生气，可他的心里在偷笑。

非语言行为的玄机

非语言行为，我们如果对它做一个说明，就是"下意识"地用语言之外的形式来表现的行为。加州大学的洛杉矶分校曾就此做过一项研究，结果表明：一个人留给别人的印象，有7%取决于说话的用词，38%取决于说话的音质，55%取决于非语言交流的行为。在这个比例中，非语言行为的重要性远远超过了语言行为。

非语言行为包括表情，但不限于表情，它还包括一切肢体动作和身体语言。其中，面部的各个器官非常重要，也是主要的非语言行为的载体。面部器官是一个有机的整体，通常会协调一致地表达出同一种情感。当一个人在你面前感到尴尬、有难言之隐或者想有所掩饰时，他的五官就会出现复杂而不和谐的表情，肢体动作也会与正常的时候有异。如果你留心观察，就能清楚地看到这一点。

值得注意的二十种非语言行为

1. 如果你看到对方吃惊的表情，千万不要被假象迷惑，真正吃惊的表情只有一秒钟，如果超过一秒钟，不是假装就是表演。

2. 擅长撒谎的人从来不回避你的眼神，因为他需要通过你的眼神来完成"你并没有被欺骗"的交流。

3. 当你提出一个问题时，对方生硬地重复并迅速回应，这太典型了。他在撒谎。

4. 习惯有小动作的男性通常会在想要掩饰的时候摸鼻子。

5．当你看到对方把手放在眉骨附近时，没错，他很羞愧。

6．谎言的编造是根据时间顺序进行的，当对方向你描述一连串发生的事情时，打乱他，如果对方不能流利准确地倒叙，那么他在撒谎。

7．当对方向你叙述一件事情的时候，请注意他的眼睛。如果对方眼睛向左下方看，他没有撒谎，因为这代表大脑在回忆，撒谎的人是不需要回忆这个过程的。

8．有人在说话的时候会情不自禁地耸起一边的肩膀，这表示他极其不自信，所以他可能在撒谎。

9．害怕的时候会逃跑，这是一种生理反应。这时候，你的血液从四肢回流到腿部，为逃跑做准备，因此，手的表面温度会下降。

10．当你明知故问的时候，眉毛会微微上扬。

11．如果对方对你的质问置之不理或者不屑一顾，通常情况下，你的质问说中了要害。

12．不要忽略皱纹，假笑的时候，它们是不会出现的。

13．想要知晓对方表情的真假，看他面部两边是否对称，如果答案是否定的，那么很可能是假装的。

14．摩挲自己的手，会让自己产生一种安慰。如果一个人不相信自己所说的话，他会这样使自己安心。

15．连续抿嘴两次，那么他可能对某些想法产生模棱两可的感觉。

16．如果你看到对方双手抱胸或者向后退一步，请注意，这是一种肢体防范，说明对方的话不可全信。

17．一个正在传达虚情假意的人，眼睛不会眨。

18．问题的关键不是对方是否在撒谎，而是他为什么要撒谎。

19．撒谎的人在撒谎前眼神会漂移游离，如果几秒钟后你发现对方眼神坚定，那么他已经想好说什么了。当你镇定地加以反驳，撒谎的人的眼神会再次漂移游离。

20．谎言是禁不住仔细推敲的，对方面对进一步提问时，通常会表现出意外和惊慌失措，进而是假笑，因为他在争取时间迅速思考。当思考出一个解释时，他会胸有成竹地回应。最关键的是，他会一直自说自话，而且话会越说越多。因为一旦陷入沉默，他就会觉得别人在怀疑他。

敏锐地感知心理变化

有一次，我在办公室见一位客户。他交错着双臂和双腿坐在面前，以一种防卫性的姿态面对着我。我注意到以后，便顺手递给他一份材料，让他的手里有东西拿着，他很自然地就把自己交叉的双臂放下来，双手拿着材料，翻看了几页。姿势变化后，随之他的情绪也有了积极的变化，很快地将他内心的想法清清楚楚地通过一些细节表现了出来。在正式交谈之前，我已经从中得到了许多关键性的信息。

一个不经意的眼神、动作、手势，通常隐含着一个人内心的某种状态。人们的真实意图和内心情绪，经常在举手投足之间表现出来，一旦你掌握了通过这些细节敏锐感知他的真实心理的本领，他也就难以在你面前自我掩饰了。

如果我们真的要洞察一个人的全部，仅仅从这四个角度是不够的。上述的角度和信息，只能保证我们初步了解一个人，或者说了解他的某一个部分、某一阶段。从更广泛的角度来说，一个人过往的经历、现在所处的环境、身边人对他的期望、自己对自己的期望，都对个人心理有着巨大影响。所以，如果能够了解到他的经历及相关的生活信息，对于真正洞悉一个人的内心会有很大帮助。

通过十四种话题来洞察一个人的心理

1. 有些人的话题太偏重个人、家族或职业，有一种自我意识的倾向，也是自我中心主义者。

2. 有些人非常想要探听对方的真相，这是有意识地去了解对方的缺点，期待能进一步控制对方的意思。

3．有些人对于别人的消息传闻特别感兴趣，这种人很难获得真正的友谊，内心非常孤独。

4．年轻男性在女孩子面前热衷于谈论车子，也许是表示他们希望谈及性方面的话题。

5．有些女性虽然不再是少女，但也常常喜爱谈论"恋情"或"爱情"的事情，表明内心也隐藏着欲求不满的事实。

6．有些人愤愤不平地抱怨待遇低微，其实，有很多人是因为对工作没有热情，才会将这种内心感受转化为待遇低微的借口。

7．有些人不断谴责上司的过错或无能，事实上是表示自己想要出人头地。

8．有人借着开玩笑的名义，破口大骂，或者指桑骂槐，这是有意将积压在内心的欲求不满设法爆发出来。

9．喜欢在年轻人或部属面前自吹自擂的人，其实是不能适应职位，或者赶不上时代潮流。

10．有人常常忽视别人谈话，而喜欢扯出与主题毫不相干的话题，这种人怀有极强的支配欲与自我表现欲。

11．有人一直谈论自己感兴趣的话题，而不喜欢别人插话，表示他讨厌自己在别人的控制之下。

12．有人把话题扯得很远很离谱，或者不断改变话题，表示他的注意力不够集中，以及不懂得逻辑性的思维方式。

13．有人不愿抛出自己的话题，反而努力讨论对方的话题，这种人有宽容的精神，而且颇能为对方着想，不失为真君子。

14．避免谈到性话题的女性，有时候对于性反而怀着浓厚的兴趣。

三分钟发现对方的需求

有需求，才会有"需求被满足"的问题，否则，你说得再多，可能都不会有什么结果；你的洞察力再强，看透了对方，他也未必对你感兴趣。人际关系的基础建立在需求的前提下，比如一个很浅显的例子：书本只对于爱书的人有用，对于不喜欢书的人来说，则可能是一堆废纸。

经济学有一个理论基础：假设人都是自利的，假设资源是稀缺的，这就导致了需求。营销学同样如此：假设人是不断有需求的，同时假设需求之间是可以交易的。这就构成了人与人之间关系的基础。

从这两方面我们就能发现，找出对方的需求非常重要。迅速地发现需求，你才能同样迅速地满足他的需求，然后才有机会再回过头来满足自己的需求。经济领域的营销学中的4C理论，就是将"需求"作为营销的起点，从而形成了一个"需求"—"成本"—"便利"—"沟通"的链条，人际关系也是如此。

怎样在三分钟内发现对方的需求？我们只须做到如下三点：

第一点：优先关注被隐蔽的需求。

一个人明显的需求容易被发现，但是隐蔽的需求则不然，常常隐藏在表象之后，不易被人发觉。直接和明显的需求，类似于饿了要吃饭、困了要睡觉的生理需求，喜欢穿漂亮的衣服、希望住豪华的房子的物质需求。

　　可是，要发现别人隐蔽的内心需求，就需要做一番深入思考了。除了吃穿住行以外，人们隐藏在内心的需求大多属于精神和心灵层面的，不能用金钱、名利这些工具加以衡量。你要看到对方表象背后的真正兴趣所在，分析言行后面的逻辑和原因，从而快速找到他的需求点。

　　第二点：判断和抓住对方需求的链条。

　　人们只知道需求，却不知道"需求链条"。也就是说，一个人直线性的需求容易被发现，但是更重要的多元和立体的需求则极易被人忽略。想真正了解一个人的心理，你就必须越过那些简单的表面的刚性需求，去判断他的需求圈。

　　我们在第二点所谈到的，就是你要学会去满足一个需求的圈和需求的链条。也就是说，我们看问题时，不能只看直接的逻辑关系，要从整个平面甚至立体来看，把各方面的需求点串联起来。因为需求的链条越长，当你满足这个链条后，自己的价值获得提升的可能性就越大。

　　什么人在这方面做得更好呢？往往是一些在学校时成绩一般的人。他们不太容易自负，清楚自己的弱点，懂得观察别人，并满足别人的需求。而那些喜欢表现和工作业绩好的人，因为自身的优秀，需要的多是别人的赞美，这样，他们常常犯的错误就是不太关心别人的需求。他们不喜欢也不擅长琢磨和观察人，也不太能够把自己周围的人的需求圈串联起来。

　　第三点：找到并满足需求的层次。

　　马斯洛为我们指出：人有五种需求，从低级到高级。低层次和刚性的需求易被发现，高层次和柔性的需求则不然。这是一个由低到高的过程，越能关注高层次需求的人，能展现的自我价值就越高，在人际关系方面，也就越受欢迎。

　　有些人之所以在生意场上怀才不遇，原因很简单：他们没有发现消费者的需求，并提供满足这种需求的产品或服务。他们的眼光只能看到市场的低层次需求，却不懂得把握消费者的深层心理。比如，很多商人知道市场现在需要什么产品——哪类商品卖得好，于是赶紧进货销售，却不知道这些产品为什么会畅销。所以，尽管他们能够通过跟风等手段赚一些钱，但由于不能预估市场的变化，因此只能跟在真正的成功者后面赚一些小钱。当市场突然发生波动时，他们就赔得一干二净。

我发现，许多人并不清楚对方的真正需求，在方向性的判断方面，表现得极其业余。假设你是商家，碰到了带着小孩的女人来到你的店里，如果你把那个孩子哄乖了，她就有时间多看几件商品。不然的话，小孩闹着要走，她就是想买也没有心思细看。更多的场景则是，当店家看到哇哇哭的孩子时，想的不是怎样去哄他，而是厌烦不已，甚至发火训斥。虽然孩子的妈妈会及时地制止孩子哭泣，但是可以想象，你期盼的生意要落空了。

我们要学会从更多的时间段、更大的空间中去分析了解我们要深交的人，尤其是看他曾经做了哪些事。同时，与人见面，我们要在第一时间看出对方的弦外之音，找到并抓住他的需求点。虽然三分钟并不是一个限定的标准和门槛，看起来时间好像非常短暂，但是，如果你能把握这三点，就可以在最短的时间内洞察一个人的需求方向，并且做出准确的分析。

寻找彼此交流的"窗口"

寻找共同的话题和价值观，建立交流的通道，比什么都重要。问题是你怎么洞察这一点。比如，你从某一细节发现，他和你都是武器迷，都对最近发生的某件事情感兴趣。当你们坐在一起时，就有了无穷无尽的话题。如果你能在这些话题上征服对方，你的"魅力"就能有所体现。

所以，当你能够洞察到对方内心深处的共鸣区域时，无疑如同打开了一扇深度交流的窗口。

这是打开别人心灵最重要的环节。这个窗口可以帮助我们和他人完成情感铺垫，进而深入地沟通信息。在交际领域内，所有的谈话最重要的就是能够尽快地找到双方的共同点，搭建一条通畅的心灵通道。

○观察和判断对方的表现，发现共同点

我们首先需要重视对方的心理状态、精神追求、生活爱好等，这些信息或多或少地会在他们的表情、服饰、谈吐举止等方面有所表现——即便是最冷漠和最擅长自我保护的人，也会在上述细节中流露出蛛丝马迹，只要你善于观察。

在一列火车上，有一位中文老师看到对面座位上有一个年轻人，正在看一本世界名著，于是主动与他交谈："请问，你是学什么专业的？"对方回答："我是中文系的学生。"你看，"共同的专业"被他通过一本书发现了，两个人马上就找到了共同话题。

通过仔细观察，寻找到共同点，便打开了交谈的窗口。不过，在这个发现的过程中，必须跟自己的兴趣爱好相结合，你对此也要有真正的兴趣，才有可能打破沉寂的气氛。

这表明了观察的前提：以自己的兴趣为出发点。

○通过交流和试探来寻找共同点

这多适用于和陌生人相遇的情境。为了打破沉默的局面，采用各种开场和试探的手段，寻找双方的兴趣交集。

格莱丽女士到医院就诊，坐在候诊大厅里，邻座坐着一位金发小姐。格莱丽主动询问她："你是来看什么病的？我有什么可以帮助你的吗？"当她得知这位小姐来自美国西部时，很高兴地说："啊，那里非常美，我妈妈就住在西部。"然后她又问："那么，您在什么公司工作呀？"对方这时已经对她放下了警惕之心，回答道："我在洛城的一家银行上班。"格莱丽惊讶而又惊喜地说："是吗，我在证券公司工作，经常跟银行打交道。"

她们亲切地交谈起来，等到就诊时，她们已经是熟悉的朋友了，分手时还互邀对方来家中做客。

这种融洽的结果，虽然看上去是偶然发生的，实际上有着必然原因。格莱丽很成功地通过"火力侦察"，发现了她们之间的共同点，找到了交流的窗口。

○从第三方的信息中判断你们之间的共同点

如果和你交流的不是一个人，其中还有一些你颇感兴趣的陌生人，你可以从侧面寻找突破口，不一定非要主动发起"进攻"，以避免可能发生的风险。

比如，当你去朋友家串门，遇到有陌生人在座时，一个可以想象的情况是：

主人会马上出面为你们双方做介绍，说明双方与主人的关系，各自的身份，甚至包括你们彼此的兴趣和爱好。一个细心的人会很容易从这种介绍中发现对方与你之间的共同之处，从而在交流时采取正确的思路，然后不断发现新的共同关心的话题，展现自己的长处，使其成为你的新朋友

○ 揣摩对方的话语，探索和他的共同点

通过对方的言行举止来揣摩对方的个性、身份和爱好，这需要我们对他的综合信息进行判断，对他的话语甚至语气进行"放大"，找出关键的信息。

其前提是你得有很好的心理素质，能够耐心地去跟对方交流，尽可能展示自己的优点。当他对你感兴趣时，就会透泄露更多自己的信息。

○ 一步步地挖掘你们之间的共同点

谈话的最初阶段，有时不容易发现对方的爱好和你的交集。随着交谈内容的深入，你们之间的共同点会越来越多。为了使交谈更加有益于双方，你必须一步步地进行挖掘，开启深层次的交流，才能如愿以偿。

当然，寻找共同点的方法还有很多。譬如我们会发现，对方和我们一样面临着共同的生活环境和共同的工作任务，甚至会有共同的生活习惯等。只要有足够的耐心，我们总能通过自己仔细而努力的工作完成这个目标，和他相谈甚欢。

保持恰当的心理距离

　　保持恰当的心理距离，这是一项与人交往非常高的要求，但也正是魅力强大之人最为突出的一种品质。如果我们从诗意的角度来阐释，就会发现人在这方面的奇特和美妙：

　　我们在无人的黑夜里感到寂寞和孤独，渴望另一颗心灵的陪伴，希望向它倾诉，得到它的慰藉。

　　我们在白天的人群里却又如此烦躁，发现与人相处非常危险，从而不敢向人靠近，也拒绝别人的靠近。

　　人就是这么矛盾的生物，我们既害怕孤独，又希望享受一个人的狂欢。但是，每个人又无法真正地离开别人，内心无时无刻不在思考一个词——距离。

　　找到与人相处的合适距离，就成为每一个人终生的人际难题，也考验着这个人在交际方面的技巧和能力。

1. 划清人我的界限，保持合适的心理距离

　　每个人都有一个"自我界限"，指的是一个人从心理上对什么是"自我"的一个界定。作为一个自我界限清晰的人，可以很清楚地知道如何定位自己，也知道自己的责任和权利分别是什么。

　　当界限明确时，我们就能知道自己和他人的边界在哪里，保持多远的距离

最为合适。

○ **本源关系**：比如原生家庭的关系，妻子、恋人、家人，在这些关系中，我们经常会体现出近距离的过度亲密。

○ **后天关系**：后天形成的普通关系，比如工作关系或朋友关系。在此类关系中，自我界限不清的情况并不严重，人们往往较容易区分并保持好距离。

在上述两种关系的处理中，我们通常都会表现出两个方面：一方面，我们会过多地在他人面前暴露自己的内心世界，希望他人能够了解和体谅自己，甚至是无条件地理解自己；另一方面，我们又会过多地去了解别人的内心世界，从而使自己能够和对方融为一体。

人们有时追求的是一种和外界的"不见外"，甚至是相互融合的感觉。这是一种渴望近距离关系的强大吸引力。为此，我们需要寻找的是相反的力——可以抵消这种吸引力的排斥力。明确界限，尊重对方的隐私，保守自己的秘密，然后确定距离。这样，你对许多事情就会客观地对待。就像同事之间，可以不必是好朋友；朋友之间，可以不必是无话不谈的知己。在合适的距离上，建立适合自己个性的人际原则。

2. 假如你不能控制自己，就不要轻易走近别人的办公桌

即便你跟某个人是很熟的朋友，哪怕你们是兄弟，也不要随便走到他的办公桌旁边去。因为那里是工作场所里的"私人空间"，既是他的私人领土，又是他的心理领土，必须得到尊重。

因此，你须谨记几项原则：先敲门再进入他的办公室，进去以后不要靠近得太快，也不要擅自阅读对方办公桌上的信件或文件，或者对他的抽屉感兴趣，甚至伸手去翻。

3. 不要以为只有你是最会说话的

和别人聊天时，最好多充当一会儿倾听者，坐在那儿听一听，不要急于插

话，让他感觉受到干涉。你至少要等别人把话说完，再表达自己的意见。随意打断别人的话，或者急于表白自己的观点，其实都是一种愚蠢的做法。

这很容易让别人觉得："噢，难道只有你聪明，我们都是傻瓜吗？"

想要在心理上划清与他人的界限，这是一个相当漫长的过程。它肯定不是在几天内就能达成的目标，如果你在之前的十几年或几十年中，已经与某些关系走得相当"接近"的话，现在有所改变，也需要有几个月的时间来让自己形成新的心理习惯：即我尊重你的空间，和你保持一个恰当的距离，当你看到我时，你不会感到受威胁或不舒服。

我们首先需要弄清楚的是：在哪些看法和观念上，我们最容易与他人混淆？在这些观点的表达层面，我们是否有干涉他人的劣迹？或者我们是否不同程度地受到对方的影响，过于依赖对方？

我在相关的调查中发现，许多人总是表现得像小孩一样，需要别人的照顾，自动地缩短与他人的距离，扮成一个弱者向别人靠拢；还有些人则是在人际关系方面始终无法独立，他们打心眼儿里觉得，自己更需要和家庭绑在一起，终生无法离开父母和兄弟；还有一些人则表现在自己的价值观念上，总是不能形成自己的观点和看法，做决定时习惯依赖他人。

首先，你要分析自己究竟属于哪一种情况，然后再花费一定的时间和精力进行相应的调整。

其次，在清楚自己能力的前提下，你要学会对自己和他人说"不"，主动拉开心理距离，使自身的灵性和魅力之源独立出来——它们是你可以保持自我并释放魅力的根源，是伟大人性的中心区域。

这种拒绝很多时候是针对自己的，因为你要挑战多年以来形成的习惯。当然，在一些时候，拒绝也针对别人，那些出于习惯对你提供依靠和保护的人。你需要告诉他们：不要再出于习惯提供帮助。

这有些像戒烟，需要同时从心理和生理两个方面进行彻底地戒断。最后，我们必须彻底明了的一点是，再近的距离，从根本上而言也不会成为一种终生的状态。有时候两个人距离很近，好得恨不得揉成一团，比如创业伙伴，比如爱人，但这只会是短暂而激情的人生阶段，不会成为生活永恒不变的常态。

当你能够洞悉这一点时，你就获得了改变现状的强大动力。你清楚自己是谁，拥有什么，又能提供什么，才能自如地与他人进行沟通。如此一来，你与别人之间就可以既亲密和谐，又保持着恰当的距离，以保证彼此的安全与舒适。

CHAPTER 07
人际魅力第二要素：
说服力

什么是说服的根本原则？我会告诉你，说服力的核心并不仅是一些技巧和手段，更需要一颗理解之心。

打开说服之门的钥匙：人人都希望被理解

在人际交往的舞台上，存在这样一个看似不合情理却普遍存在的现象：有些人的观点即使存在巨大争议，也可以轻松地赢得支持；有些人即使想法合理、观点明晰，却总会遭遇强烈的抵制。为什么会有这样的差别呢？是什么因素决定了说服力的不同？

把握交流的关键在于：能准确地把握对方需要理解的心情，并能成功地运用换位思考，使对方需要被理解的情绪释放出来。

每个人都有一个希望被了解的情结，也急于表达自己，这就是现实。人们总是会以自身的经验来解释别人的行为，并且习惯用自身的体验代替他人的感受。这种特点体现在两方面：一方面，当别人不能认同时，他会表现出明显的责怪情绪，认为对方令人费解；另一方面，他希望对方可以听听自己想说什么，而不是让自己闭嘴不言。

有人曾经向我抱怨他的一个朋友："我真搞不懂那家伙是怎么想的，我说的话，他从来听不进去。"

我问他："也就是说，你试着去说服他，他并不听从你，所以他让你费解了？"

他的眼神闪烁了一下，像找到了知音："是的，是的啊！苏先生，我简直受够了，每次都这样！"

我接着问道："难道你要说服他，就必须是让他听你说，而不是听听他想说什么吗？"

听到这里，他的眼神顿时明亮起来，恍然大悟。原来，他不被对方理解的原因不是因为对方不理解他，而是因为他没有让对方感受到自己对对方的理解，他甚至没有给对方说一句话的机会。

什么是说服的根本原则？我会告诉你，**说服力的核心并不仅是靠一些技巧和手段，更需要一颗理解之心**。如果你能保持真诚，并用理解的心态去倾听他人，那么你的表现在对方的立场上就已经是值得认可的。只需要很短的时间，你就有可能使对方的心灵得到安慰，摆脱一些烦恼，并打心眼儿里认同你。

他会想："这个人一点儿也不自私，他比别人好多了，因为他在倾听我的心声，理解我的想法，并同情我的行为，这是多么好的朋友。"

对于人与人之间的沟通，还有比这更美妙的效果吗？

尊重和赞美

亚当·麦肯在为他的新书发布会上——那是一本关于怎样沟通和说服客户的著作，谈到了许多股权投资的专业理论，但更多的是与客户在业务之外的心灵沟通，以及如何取得客户的理解——他当场为我们朗诵了自己书写的一段序言：

"朋友，请你高声赞美吧！你对他人每一分的关注、理解和尊重，都将会启发人们寻找到他们人生的价值。也许你的赞美只花了一分钟，但你给对方留下的幸福、快乐或许会影响他的一天、一年，甚至一生。"

尊重和赞美是说服力的基础和前提，这样的定位并不过分。没有人不希望被理解，同样，也没有人不希望被尊重和称赞。如果你不懂得这一原则，你就会发现自己的人际关系走进了一条起伏不平的山路，到处都是碍脚的石头和挡路的荆棘。

对人尊重是一个人基本素质的体现，我们也都理解应该尊重别人。但是赞美呢？难道只是说说好话就可以了吗？当然不是这样。首先你要找出对方的可赞之处，用眼睛去发现和挖掘对方真正的优点，这不仅关系到赞美的技巧，同时还关乎你的发现力——对于这一点，需要敏锐地观察。

法国总统戴高乐于 1960 年访问美国时，在一次尼克松为他举办的宴会上，尼克松夫人花了很大的心思，布置了一个美观的鲜花展台，在一张马蹄形的桌子中央，鲜艳夺目的热带鲜花衬托着一座精致的喷泉。精明的戴高乐总统一眼就看出来，这是主人为了欢迎他而精心设计制作的。他不禁脱口称赞道："夫人为举办这次宴会，一定花了很多时间来进行计划与布置吧！"尼克松夫人听后十分高兴，对这位优雅的法国总统印象深刻。事后，尼克松夫人表示：大多数来访的人员要么不曾注意到，要么不屑因此向女主人道谢，而戴高乐是能注意到这些细微之处，并感激主人为此做出的努力。

这正是戴高乐总统巨大魅力的所在。可能在别的来访者（多是国际贵宾和各国首脑）看来，尼克松夫人布置鲜花展台，只不过是她作为一位总统夫人的分内之事，我为何要道谢和夸赞？他们觉得，这种行为并没有什么值得称道的。但是戴高乐领悟到了主人的苦心，并因此向尼克松夫人表示了特别的肯定与感谢。这样的举动使得尼克松夫人异常感动，并留下了深刻印象。

戴高乐这样的伟大人物，都不吝惜自己对于他人的赞美。有多少人能够达到像他那样的知名度，还能表现出如此谦逊呢？那么，你为什么还要对他人的善意和付出表示缄默呢？要赢得对方的尊重，首先就要尊重对方，并感恩于对方为你做的每一件事。

这里我要讲一个推销员依靠赞美成功地卖出一辆汽车的故事。有一对结婚十年的夫妇，一直没有孩子。为了弥补这一缺憾，妻子养了几只小狗，将几乎所有的爱心都放在了它们身上。有一天，丈夫下班，妻子便兴高采烈地对他说："你不是说要买车吗？我已经帮你约好了，星期天汽车公司的人就来洽谈。"不料，丈夫没有表现出想象中的高兴："我是说过要换车，但没说现在就买呀，你为什么要自作主张呢？"

丈夫对此非常疑惑，为什么妻子会突然想起自己几个月前说过的事。对于这些琐事，她从来都不过问。原来，有一个推销员一眼就看出这位夫人十分疼爱小狗，于是对夫人养的狗大加赞赏，说这种狗毛色纯正、有光泽，又是黑眼睛、黑鼻尖，是最名贵的品种。

说得这位夫人很开心，以为自己拥有了世界上最名贵的狗。于是，她情不自禁地对那个推销员产生了好感，便很快答应他星期天来和自己的丈夫面谈。

其实，这位先生确实想买一辆车，他的车已经旧得不像样了，但他是个优柔寡断的人，一直拿不定主意是否要去看看车。星期天，这位推销员登门拜访，对这位先生又是一番夸赞，说得先生心花怒放，仿佛被一只无形的手牵引着。最后，他痛快地买下了推销员介绍和推荐的那款车。

在现实生活中，我们所能接触到的交际范围内——无论是谁对赞美之词都不会拒绝，也绝不会为此而心生不满。既然这是一件让别人开心的事情，我们又怎么会因此受损呢？由此可见，赞美是说服的第一步，请记住这一点。

坚持这一原则，它一定会给你带来无数朋友，让你时时感到幸福快乐，并且帮助你树立一个可靠且魅力四射的形象。正如我们已经看到的那样，希望得到他人赞赏是人性中最根深蒂固的本性，人们都希望成为举足轻重的人，你的赞赏和尊重会给予对方这种感觉，会让他发现自己被人关注、被人理解。这就像一面镜子的反射效果，你尊重和理解对方的同时，也会受到对方的尊重和理解。

所以，**要想快速地影响他人，你就应该及时地站在对方的角度和观点上，理解他并做出他最希望的行为。**

语言的运用

在交流的过程中，合理的语言运用可以使你充分表达自己的想法，并能够摆脱交流中出现的障碍及困境，使你成为一个"最会说话的人"。要记住，学会选择合适的语言也许并不是我们想象的那么容易，但同样也不会是我们想象的那么困难。这一切取决于你的判断是否准确。

至关重要的语气

无论何时，你都要用商榷委婉的语气去说服对方。你当然可以针对他的一些错误观点发表议论——纠正他的想法，使他顺从你，但你应注意，此时的语气非常重要。在说服别人的过程中，最忌讳的就是言语过激或者锋芒毕露，这样会使他感到强烈的不适，你说服对方的目的就无法达到。

如果语气不恰当，即便你赢得了辩论，也无法说服别人，你仍是输家。

古诗中的"随风潜入夜，润物细无声"最能表达出语气的最高境界。没错，让对方在不知不觉中认同你的观点，并感到与你聊天是一种享受，让他体会到你的真诚和对他的尊重，才能最终使他信服。

我的一位女性朋友在一次相亲中，遇到了一个外表俊朗、事业有成的成功男士。然而在相亲的第二天，她就气愤地告诉我："我是绝对不会跟他在一起的。"

到底发生了什么？

她向我讲述了相亲过程中的几段对话。

当她提到婚后女人的生活方式的时候，成功男士这样说道："当然是要去工作了，一个没有工作整天待在家里的女人会逐渐失去自我，失去女人的魅力。"

她的情绪显得有点儿激动："这话听上去好像很有道理，可是他当时的语气让我感觉，如果我不去工作，他就会把我扫地出门！"

当提及孩子的问题时，她提出婚后的两年内不打算要孩子，因为想要过两年属于两个人的时光。成功男士对此表现出强烈不满："在这个问题上，你应该听我的……"然后说了一大堆道理"教育"她。再也无法忍受的她，当即愤怒地走出了咖啡厅。

她对我说："在这个问题上，我本来并没有打算坚持自己的立场，我只是在表达我对婚后生活的向往。你知道他当时的语气有多差吗？你体会不到那种在咖啡厅里面被所有人注视的感觉，糟糕透了。"

由此可见，语气在说服别人的过程中发挥着多么重要的作用。有时候，语气的好坏将直接导致了交流的成败。

下面列举的一些语气在任何时候都是不恰当的。比如，"现在你要听我说"，这种语气已经超出了权威的范畴，变成了蛮不讲理的独裁，而且表明你正试图把自己的观点强加给别人。另一个不恰当的语气是"只有傻瓜才会像你这样想"，天！你是在嘲笑和讽刺对方吗？在对方听起来，这样的话语如同你在打他的耳光。还有一种不恰当的语气是"你现在就得同意我，因为我没有时间了"，对方会想：我凭什么听你的？

要求对方立即作出决定、不容置疑的语气，只会让对方怀疑你的动机。他们一定会这样想："如果这个人值得信任，为什么不给我时间仔细地进行验证和思考呢？"然后对方会得出一个结论：你不值得信任。

最安全和最恰当的语气是平静、客观和谦恭。这些态度最能反映出你的能力与从容平和的心态，更重要的是能体现出你对对方的尊重。只有这样，别人才会对你敞开心扉。

个别词语的使用和改变

对词语的挑选和使用，目的在于达到巧妙陈述的效果。你一定会注意到，同样的意思，因为使用了不同的词语，有时会使人们对你所说的内容产生怀疑或者反感，进而产生巨大的排斥心理。比如，"你为什么表现得这么蠢？"和"怎么回事？"这两种问法虽然表达的意思都是相同的，都是你在质疑一个问题，但会引起差别很大的反应。后者会让对方满怀歉疚地向你详细说明和解释，前者却可能激怒他，引起他的激烈反驳。

你一定要注意，在交谈过程中要多使用礼貌的词语，拒绝粗鲁的用词，只有这样，才能酝酿出好的情绪。选择一些不雅的词语，只会引起双方非理性的情绪爆发，这个道理即便在上级对下属训话时也依然有效和适用。你的目的是让人们更容易接受，而不是加以拒绝。

语速的奥妙

值得一提的是，缓慢的语速往往比滔滔不绝和急躁快速的演讲更有说服力。我们在企业咨询和培训中，通过对几千件案例的总结发现，很多管理者向我们反映，每当他们在开会中加快语速时，工作布置的效率就会下降，会议后就会有更多的人表示对于会议精神的理解出现了偏差。

也就是说，说话慢一点儿，多一些停顿，会显得更有说服力，也使对方有更多的时间思考你所要表达的想法，这样才能与你进行更充分的交流，执行力也会更高。

为此，我们邀请了一些志愿者，让他们通过电话说服他人参与一项调查，并对这些电话录音进行了分析。结果我们发现：那些吐字特别快，说话像连珠炮，以及语调夸张、抑扬顿挫的人，成功说服他人的比例并不高。相反，那些语速缓慢沉稳、会适时停顿的人，说服他人的成功率较高。

为什么呢？因为当你口若悬河地说话时，给对方留出的思考时间就少之又少，而且语调太快也会使你显得不够诚实。只有当你每秒钟吐出"三个半"左右的音节，同时每个长句子停顿四到五次时，才是最佳的语速和最理想的说话节奏。同时，这个语速也有利于你在说话厘清自己的思路，有更多的时间边说边想，使表达更加清晰明确。

简洁与复杂的表述

在语言的运用上，你需要明确有力地陈述自己的观点，并且提供可以证明观点的论据——你必须懂得什么时候应该简洁，什么时候应该让自己的表述具体翔实，以提供充分的说明。

恰当的论据能让对方直观地感受到你的观点，并做出判断。只有能够提供合理有效的论据，才能证明你所说的东西值得对方支持。这里面也涉及了表述的方式。我提供一个比较稳妥的做法，对于表达判断或结论的每一句话，你应该用两三句话进行论证。而在最严格的陈述中，你又必须简明扼要，不要让对方的理解出现歧义。除此之外，你还要在表述中去除有可能引发争议的部分。

如果争议无法避免，你就要尽可能清楚地表明你的意见，并给予对方进行反驳或者与你沟通的机会。

最佳说服时机

接下来，我将简单地介绍一些在各种不同的情况下进行说服的方法。我的介绍包括每个人基本都会遇到和交流中最为常见的一些情境，其中包括在这种状况下你应采取何种态度，不同的方法会产生什么效果。

可以预见的是，没有人会心甘情愿地听你的，就算你是能为他带来巨额财富的罗杰斯或者某位投行的现金拥有者。即使你魅力四射、风度翩翩，也要尊重对方当下的特殊情绪。

兴奋和狂热的状态

当一个人处于极度兴奋和狂热的情绪中时，你便迎来了极佳的说服良机。此时适合把握他的情绪沸点，找到你们的共同兴趣，然后达成共识，进而推销你的想法，兜售你的商品。

但你需要切记一点，你要明白他为何兴奋，并清楚地知道他目前的情绪来源，这样才能真正地找到他的兴趣所在，并达成共识。你还应了解他内心对你真正的印象。一般来说，趁其情绪良好时容易达到说服的目的，更应该注意的是，此时如果你的表现并不具备多少过硬的说服力，当对方冷静下来以后，你的观点就很容易不攻自破。

当对方疲惫时

人在疲惫时不想听任何意见——除了劝他休息。这种感觉，你可以从自身的某些经历中体会到。所以，这时你最好不要试图展示自己的魅力，并说服对方。这不是一个好的时机，除非你已经没有时间。如果你非要跟他进行一番谈话，让他同意你的见解，你应采取温和且开门见山的方式，不要浪费对方的时间，打扰对方休息。

此时，你的表达应简洁有力，且充满诚意。但是，你要做好被对方拒绝的心理准备。因为这时对方最想做的事情，可能是一个人静静地待一会儿。所以，避免在这种时候打扰他，才是留给对方一个最佳印象的好机会。

冷漠与损失

冷漠会为你招致不可估量的损失及伤害，这是我们最忌讳的态度。如果遇到对方冰冷的态度时，我们应如何处理？人们通常认为，一个冷漠且对你丝毫不感兴趣的人是最难被说服的，甚至你完全没有机会打动他。但是，事实真的如此吗？

此时会有两种情况：第一，他对你的冷漠是出于利益的考量，他并不需要你可能带给他的好处，即便你磨破了嘴皮也无济于事。那么，你只能提前结束计划，不必再浪费精力。第二，当人们坐到一块儿开始切入正题时，已经意味着你们是彼此需要的利益共同体了。那么，我们只能从自身寻找原因：形象是否得当？他的冷漠是不是因为对你的某种不满导致的？改变策略和修正形象就成了当务之急。只有让对方露出笑脸，你才能挽回损失。一个具备人际交往魅力的人，一定是精通投其所好之道的高手。让对方满意，恰恰是让自己满意的开始。

急迫和祈求获救的人

面对这样的人，你虽然能够轻易地利用对方的困境达到自己的目的，但你无法收获对方发自内心的感激。他不会尊重你，也不会记住你的恩德。一家在破产的边缘向你开出五十万美元收购价格的企业，你为何不主动拿出六十万美元以表示自己的诚意呢？你不但可以说服他卖掉公司，还能从此与他成为终生的好朋友，并让他铭记一生。

因此，**当你面对急迫和祈求获救的人时，请在达到目的的同时，表达你的善意和真诚。**

附加条件

说服者或被说服者都可能提出一些附加条件，后者的可能性更大一些。比如，有的人会这样告诉你："答应你的请求？好啊，但是你必须接受我的如下条件……"这类谈判方式在商业交往甚至朋友的"交易"中都可以见到。没错，我要说的就是如何对待对方将说服变成一场交易的问题。

你是会被条件所捆绑，让对手牵着鼻子走，还是轻松破局，展示自己高超的控制局面的能力？

随时展现自己的风度是我们时刻不忘的目标之一，答应对方的一些小要求，不但无伤大雅，还能使双方心情愉快，接下来的协作或许会更加顺畅。要注意的是，条件必须只能起到"附加"的、对于大局无足轻重的意义，如果超过了底线或者可以承受的程度，你能做的也许只有一件事：微笑地说声"再见"，然后礼貌地转身走开。

只有这样，你才能赢得被说服者发自肺腑的尊敬。

操控情绪：影响对方的潜意识

你是否有过这样的经历？在和一个人交往的过程中，你想说服他，但还没等你开口，或者你刚说了几句话，对方就想打断你说话。这时，你是否想过破解的方法？

你要学会通过操控期许和引导他的兴趣来影响对方的潜意识，以使对方打开心扉。

我刚到美国国际数据集团时，任职对外业务部门的主管，向外推销我们与银行合作的风险投资产品。当时，部门正在与朱诺地区的一家投资公司的老板进行一场艰苦的"拉锯战"，许多人在那里吃了闭门羹，垂头丧气。大家觉得，这个业务可能要搁置了，对方只是"调戏"我们，没有什么诚意，而且现在完全关闭了大门。我看过资料后，决定亲自拜访一下，看看是怎么回事。

两天后，我带着一名助手到了朱诺市，进了该公司，见到了他们的老板胡佛先生。我刚听到这个名字时，还以为他是美国前总统或联邦调查局局长家族的一员，仔细打听后才知道这不过是我的一种联想。胡佛看到我，表情严肃，看上去很愤怒，他指了指自己的背后，墙上贴了一张 A4 纸，上面写着一行英语：Financial liar go away（金融骗子快走开）！

我顿时笑了，这真是一个非常有趣的人，情绪化，表达直接，没有任何忌讳。对我而言，这样的人恰恰最容易说服，因为你能轻易地看到他的内心，不会让人难以琢磨。

他冷笑道："先生，你笑什么，难道你没看到这些字吗？还是你不能理解这句话的意思？"

"我当然看到了，但我是特意帮您解决问题来了，您有时间的话，不妨听我说一说。"我面带微笑地说。

胡佛马上又一脸疑惑地问道："我能有什么问题需要你帮忙解决呢，难道你不是让我来购买你们的产品吗？那些都是骗人的东西，不知道害了多少投资者。"

我说："没错，全球的金融市场都不景气，泡沫很多，的确有许多选择不善的投资人亏得一塌糊涂，他们为自己的糟糕眼光付出了代价。"

请注意我的用词，我将问题的焦点放到"那些人之所以失败，是因为他们的眼光糟糕"上面，而不是指责金融产品都是不好的，这让胡佛的潜意识自动开启了另一个角度的想象：我的眼光是好的，这个投资集团的主管在充分地肯定我。

果然，胡佛又问（他接上了我的思维）："你们的产品难道不是这样吗？我听说，这个月多起华尔街破产的事件都跟你们银行有关。于是我下定决心不再涉及金融衍生产品投资，我实在不想让自己的公司陷入这种无休止的黑洞中。"

我一边点头一边说："您的担心果然是我所预料的，刚好我今天拿来了一些详细的说明资料。这是一项最权威的市场分析，它充分展示了最近五年来IDG公司的产品盈亏率的数据，您可以在看完之后再做决定。而且，我想这对于您的公司来说，也是一个不可多得的机会，可以让公司有机会得到新的资金注入，改善公司的盈利结构。"

交流了一段时间后，胡佛很有礼貌地把我请进了里间的会客室。

我是怎么做到的呢？其实很简单，首先我肯定了胡佛的潜意识中对于自己的判断。他的眼光是好的，那些失败者是因为自己眼光太差，选错了产品才导致了失败。这样的引导消除了对方的怀疑，从而引发了他的兴趣。同时，在进入该公司时，我就一直在观察，发现他的员工缺乏干劲，许多人愁眉苦脸，情绪消极，因此我判断：胡佛的公司目前经营不善，缺乏盈利，而这正是吸引他投资金融产品获取新的利润来源的筹码。所以我说服了胡佛，只是通过很简单的一番对话，就引导和控制了他的情绪焦点，让他愉快地做出了尝试一下的决定。

　　我们都知道，人的言行举止只有少部分是由意识控制的，大部分行为都是由潜意识所主宰，而且是主动地运作。作为潜意识的主体，个人却常常没有觉察到。也就是说，无论什么事情，人的意志往往会受潜意识的支配。所以，我们在说服对方时，就可以很好地利用潜意识的这种特性，左右对方的心理和思维活动，达到良好的沟通效果，以实现我们的目标。

　　说服的最终目的并不仅限于在一次交流中，让对方赞同你的观点并做出反应，同时也包括由此衍生出的对个体人格的信服。只有这样，才能让你建立起强大的人脉网络。当你再次表达某种观点或者推销某种产品的时候，对方会在潜意识中保持这种信服——"他的观点不会有错的"。当你能够不知不觉地左右对方的潜意识时，也就是说，对方听从你的话不是因为你"说服"了他，而是他的潜意识最终说服了他自己，使他主动地采取有利于你的行为。这才是说服力的最高境界。

规则和信念：引导行动

以规则和信念来引导行动，说起来并不复杂，但要明确其中的定义并付诸实践，需要我们更好地理解。即什么是可用的规则，如何才能中和彼此的信念，并让对方的行动跟从你的指引？这是一项浩大的工程，对于你自身的要求也非常高。

首先，你要确定他对你的观点知道什么、不知道什么，他对你是否足够了解。最重要的是，他对此有什么意见？

说服的对象所产生的意见很可能是多种因素造成的，包括年龄、性别、教育背景、宗教信仰、收入、种族、民族以及商业或者职业身份——这些会决定他们信奉什么规则，以及怀着怎样的信念。如果你不能了解所有的细节，那么就要尽可能地去知道更多的信息。如此，你才有条件思考他们可能对你的想法持有的各种反对意见，从而预测哪些意见最有可能出现，并及时采取应对措施。

因此，在规则和信念的判断中，你要思考下述的一些问题：

1. 对方是否一直受到了公众判断标准的影响？

有一些规则和信念是属于公众领域的，比如大家都盲从的一些思维、原则和信仰。这并非指公众愚蠢无知，而是现在人们对于诸如自由意志、真理、知识、意见和道德一类问题的理解各有不同。你要了解到他们各自的信仰、遵从的规则，才能清楚地定位他们的心理需求，并判断出他们与你的规则和信仰有多大的距离。

换句话说，当你可以确定他们的规则定位和信念的领域时，你就能准备一些既定的想法和态度，使他们对你的批判性的本领失去用武之地，让他们成为这种规则和信念的服从者。

2. 对方的见解是否过于狭隘，你应如何引导？

明白这个问题将引导你正确地思考，因为清楚了对方的具体见解，你就知道该从哪个地方下手，既不伤到对方的自尊心，又可回避对方的心理雷区，解开他"自我欺骗"的倾向，从而使他无法拒绝你的观点。

你要让对方产生这样的信念和动力："既然选择了远方，我就应该风雨兼程。"这是他自己的选择，他决定为了某一个理想或动机"献身"，以最顽强的意志坚持到最后，那么你的说服就会达到最大的效果。同时这也是说服结束之后，被说服者最理想的状态。

最后，我们都应明白，我们自己的行为比语言更使人信服。在说服的过程中，怎样才能体现自己最大的魅力？重要的是不要做太多的承诺，而是拿出实际的行动，使对方尊重你的人格，敬佩你的作为，进而愿意接受你的影响。

也就是说，如果你想要说服他人，仅仅用华丽的语言是不够的。只是让对方知道你的想法并不够，你必须通过自身切实的行动让对方了解你的信念和情感。因此，你过去的所有记录和个人的言行举止，都会是别人判断你的标准。

利益的驱使：让他自愿去做

　　站在对方的立场上，这是你所能采取的最佳的方法。假若现在你是客户（或被说服方），那么你之所以选择"我"的原因是什么呢？会不会因为"我"长得好看，或穿了一身漂亮的衣服而决定与我合作？当然不会。你的判断理由一定是基于你需要得到什么，我所提供的帮助对你的需求有多大的影响，能给你带来什么好处，能否产生最大的利益。

　　这是作为被说服者最关注的信息。那么，现在你站在说服者的角度，就要把这些信息反馈给对方——即使你能提供的利益不是最大的。你必须让对方知道，你是全心全意地站在他的立场帮他考虑的，你是在为他服务，在为他创造价值。

　　让对方自愿去做有利于你的事，这是利益驱动法的核心原则。

　　准确地说，如果你是一名商人，你让客户购买的并不是商品，而是利益，是他希望得到的一些收益。这个收益可以是金钱，也可以是某种为他的生活带来了很大便利的服务。因此，说服者最重要的品质就是给予利益。你的方案必须让对方切切实实地感觉得到了一些好处，他才愿意接受你并购买你的服务，进而肯定你这个人。

　　在利益的驱动法则中，你一定要从对方最关心的部分入手。开门见山也许并不是最好的选择，但你一定要尽量抛开其他无关信息，让对方以最快的速度感受到你的诚意，从而作出选择。

很显然，**在利益的协调中，你的方案一定要体现出双赢价值**，不然，对方就会有类似这样的想法："怎么会有这么好的事，肯定是骗人的。"所以你在发掘对方的关键需求的同时，也要满足自己的渴望和目标。双方都需要懂得换位思考，拿出有诚意的态度。不要去指责对方的无礼（假如他真的这么做的话），只能自责你为什么没能引导他进入自己的思维逻辑。

就像许多人向我抱怨："我们的产品这么好，我的态度这么真诚，客户为什么不接受呢？不接受也就罢了，态度还那么恶劣！真让人生气！"我认为问题并不在客户的身上，而是他们没有真正了解客户的需要，把握不住利益的核心点，从而不能将客户引导进自己的思维逻辑，进而无法让客户产生兴趣。

最坏的手段是强迫

对于不同的想法，如果有巨大的意见分歧，沟通方式不妥，很可能会招致对方的反感。

在实际沟通中，人们一旦对于某个观点有着强烈的认同，就可能很轻易地得出一个结论，即认为那些与自己意见不同的人都十分愚蠢且顽固不化。

使用强迫性的手段，不仅会破坏你与对方的关系，还会使你的说服难以进行。有时候，在一个很小的问题上发生争议，会引发巨大的信任和管理危机，不是你抛弃被说服者，就是被说服者联合起来抛弃你。这对于公司的管理和领导的驾驭力来说，都是非常危险的信号。

一般而言，人们反对你的意见时，常常不会使用太激烈的言辞。当你面对下属的质疑和反对时，你会发现他们大多使用下述理由：

1. 这太不切实际了。

2. 这么做的代价太高了。

3. 这样做会不会不合法呢？

4. 效率太低，我们无法实现。

5. 这会对已经被接受的规则形成很大的挑战，结果不妙。

下属不会直接告诉你——"这样做绝对不行"，而是婉转地提示你计划会出现的某些困难，他们做到这一步已经相当不易。能听取完全相悖的观点是管理者的风度之一，你不应该在详细论证他们的理由之前就强制人们放弃自己的观点。专横的沟通态度只会使沟通无法进行，哪怕你的确有苦衷，比如时间已经来不及了，留给你们内部沟通的空间已然不足，你也要坐下来，平心静气地对每一种质疑进行解释，以期获得广泛的认同。

记住：你应采取温和的态度回应所有的反对意见，这能让你得到最大范围的尊重，哪怕你们的意见最终难以调和。

有些人会想，我只要针对所有反对意见拿出具体的修改办法，然后消除这些意见就足够了。"难道这样他们还要继续反对我吗？"这是不对的，因为即使无效的反对意见，也可能成为后面的障碍。你的修改办法同样会引发新的争议。如果你不能真正地让他们理解，即便他们不再开口，内心的阻碍仍然存在，不会消失。所以，细致与温和的沟通是你必须采取的态度。

在这个过程中，你不要强化"你们在反对我"这种情绪，更不可中断自己的陈述将焦点引向对抗。你要做的是与每个人详细交流，面对质疑，提醒他们："我在消除你的误解，请让我说完再做决定，你的质疑会得到合理的解释。"

性格和人品的力量

　　用人品去感动别人，并让他折服于你的风度，愿意听从和接受你的主张，在短期内是很难做到的。不过，无论你是何人，从事何种职业，身处何时何地，你都要明白：能力并非第一，更不是唯一。

　　无论什么时候，高尚的人品都比我们拥有的卓越能力更加重要，这就是为什么我们始终强调魅力的核心品质并非做事的能力，而是自我性格和人格魅力。

　　人品应排在一个人所有素质的第一位，它超过了智慧、创新力、情商和激情等。如果一个人的人品有了问题，那么这个人就不值得任何一个公司考虑是否录用他，他也将永久地失去所有人的认可和信任。在人际场合，他从此失去了信用，再无法得到人们的重视。

　　惠普公司的一名主管看到技术部一名非常能干的员工报来的差旅费时，叹息地说了句："太可惜了，这名年轻人在惠普的前途没了。"他为什么如此感叹呢？原来这名精明能干的员工，在他的住宿发票上改动了一个小小的数字，使得198变成了498，区区三百元钱就断送了他在惠普的职业生涯。这是多么不幸的一件事。

　　后来，这名员工后悔莫及地说："进入惠普之前，在一个小公司工作了两年，在那里大家都习惯了虚报费用，这极大地影响了我，从而养成了这种坏习惯。"当然，这种解释已经没有用了。做事失败尚有挽救的机会，做人的不堪只能让他从此出局，而无法得到原谅和理解。

我在凯雷公司时，曾经遇到过一位客户，布斯先生，他是一家高科技产品生产商的总裁助理，当时他们期望得到我们的资金支持，与我有过一段时间的来往。后来，我们正式同意对这家公司进行融资，也正是出于我对布斯出众人品的判断和尊重。

在对该公司调查的过程中，我并没有太过于关心它的资金结构和盈利问题，因为它的产品其实已经说明了一切。一家有前景的公司，其主要依托一定是来自它的产品，而不是当前的资金问题。盈利的根本支柱是产品和提供的服务，而不是当前的结构。结构可以轻松地进行调整，产品想做调整却很难。我几乎把全部精力都放在了对于"人"的调查上。比如，公司总裁和管理层人员的经历，他们都是什么样的人，具体的工作资历和他们做事的方法，特别是他们个人的品德。

在这个过程中，我了解到了两件看似与融资没有关联的事情。布斯先生在十一年前陷入过一次巨大的经济危机，他的家庭财政几乎面临崩溃。布斯先生和妻子一起度过了长达三年的艰苦生活。后来人们得知，在这三年的时间里，布斯先生每个月都给一位重症监护室的病人汇去两千美元，用于维持病人的治疗。更令人惊讶的是，布斯在这个过程中没有向任何人主动地说起此事，也没有利用这件事来抬高自己的声望，一直低调为之。直到社区教会发现，这件事才在公众面前曝光。

还有一件事，两年前，布斯先生在该公司任职部门经理时，曾经出于对客户负责的责任心，拒绝了一批有隐患的产品的合同签订，并且主动赔偿给客户应有的时间损失，这让他获得了公司的奖励。在整个过程中，公司总裁的态度和他是一致的，管理层也没有什么意见。

　　当我们看到了这些情况之后，凯雷公司当即批准了他们融资五百万美元的请求。在这个过程中，我想，布斯先生表现出来的魅力，以及公司管理层普遍高尚的从业道德，无疑成为这次成功融资的最大亮点。这让我们对这家公司充满了乐观的判断，我们认为，这样的一家公司，它的前景一定值得看好。事实上，其后的发展也证明了我们的分析和判断。

　　在国内的一次培训论坛上，我同样听到过这样的一句话："一个人想赢两三个回合，赢三年五年，有点儿智商就行了，但要想一辈子都赢，没有德商绝对不行。""德商"是什么呢？就是人品与性格的综合素质。我们在国内时，老师一再讲，一个人要重视品德，只有品德出众的人，才会受到别人的尊敬；一个没有高尚品德的人来说，不管他做出了多少骄人成绩，对于人们来说，他都是危险的。这也就是说，一个人品很差的人，能力越强，对于社会和团队的危害可能就越大，当然更不能为团队带来长远的发展。

"说服力" 魅力的七大指数

攀登一座山需要活动你的双腿，说服力的体现也需要你表现出自己的某些素质，并充分运用周边形势的有利因素，去成功地说服对方。这需要的不只是你长于思考，但也并不意味着创造性和批判性的思考一点儿也不重要——反省自身和改善自己的某些问题，才能提升你的说服力。

自我内在的思考在说服别人的过程中尤为重要，这要求你在说服别人之前，必须先拿出一些高质量的想法，还要使他们认识到你这种想法的可行与优秀。在这个过程中，从头到尾都体现出一个人所能具备的说服力的成功指数。它们构成了你的"说服力"魅力的基础，同时也是我们判断一个出色的沟通者的依据。

1. 分析指数

你要了解受众为什么不接受新的想法，他们的接受能力究竟如何？

说服过程会遇到各种各样的困难，就像走在路上突然撞到了一堵墙。有时无论你怎么表达，都会出现受众根本不感兴趣的情况。他们不想接受你的观点，甚至完全没有这方面的准备和需求，这时考验你的便是分析和反应的能力。你应耐心地理解他们，慢慢地找出原因，然后对自己的策略加以改进。

当然在这个过程中，你应表现得像个不急不躁的君子。冲动和焦急都会有损形象。

2. 特定指数

你要尽可能了解你想要说服的特定受众，并集中精力研究与他们有关的一切问题。

具备量体裁衣的能力会让你变得攻无不克，针对特定人群的说服力，更能突显你的专业性和在该领域的影响力，就像巴菲特的一言一行对于股民的神奇号召力一样。

3. 应急指数

你要预测受众可能的反对意见，及时采取应对措施，以免措手不及。

有人反对你吗？一定会的。不要企图你能完全掌控局面，魅力的升华往往是在应对质疑的过程中，而不是一帆风顺的时候。所以，你必须设计如何应对失控场面——假如有这么多人与你针锋相对，你该怎么办？一个能随机应变的人，他在这方面的表现越好，魅力的指数自然也就越高。

4. 优点指数

你必须擅长有重点地陈述自己的想法。

你要将自己的优点强化，并呈现给受众，而不是让他们首先看到你的缺点。在讲话时，我们理所当然需要学会突出重点，使得自己的讲述一听即明，不让他人有任何疑惑之处。这既替对方节约时间，又使他看到了你的优势所在，才会对你说的事情感兴趣。重要的是，你的优点会增加对方的信心，显而易见的缺陷则会降低他对你的信任。

5. 倾听指数

如果你对于自己要说的话有所犹豫，那么你应该养成这习惯，先倾听别人说话，再决定自己如何说。

倾听指数通常反映了一个人受欢迎的程度。每个人都希望别人能倾听自己，很少有人愿意将话憋在肚子里，只充当听众。因此，当你意图留给对方一个好印象时，你不妨暂时控制自己尚不成熟的想法，先请对方说，而自己洗耳恭听。在倾听别人观点的同时，完善自己的观点。许多人在和别人见面，尤其是初次相见时，都想将自己成功的故事，或是曾经说过而极富机智的话，再次对眼前的人讲述一遍。他们觉得这样必定能够博得对方的好感，以显示自己的聪明，效果却往往适得其反。这时候，真正有效的方式不是说话，而是闭嘴，压抑住自己想表达的欲望，去做完全相反的事——听他说，成为一名合格的听众。

6. 付出指数

你应有主动付出的勇气和意识，先让别人有所得，你才能向别人有所求。

这个指数越高，意味着你的魅力也就越强。现实中，许多人当然都希望自己升职和加薪，但他们多是采取要求上司和老板满足自己要求的方式，而不是努力工作。我们通常都认为这样的要求是"理所当然"，至少一般人都这么认为。但是，你有没有想过从老板的角度考虑这个问题呢？老板思考的是：你能为我增加多少收益？所以，先给予才能获取。一个愿意首先给予的人，随后提出的要求一般都会顺利得到满足的。

7. 沟通指数

你能否做到先听一下别人的意见，然后再从容不迫地陈述自己的意见？

如果你能在陈述自己的意见之前，先听听对方怎么说，对你的魅力会有极大地提升，也会给对方留下美好的印象。

在沟通时我们绝对不能用胁迫性的语气，更不能狂妄自大、不可一世——这不仅不能让对方信服，反而会使对方成为你的敌人。

相信我，当你可以平等、真诚地和对方交流时，他的眼神一定告诉你，你会得到什么样的回报。

CHAPTER 08
个人魅力

每一个人都是一个品牌，你现在的形象，决定了你的明天会是什么样。因为人们看到的都是你的现在，然后在现在的基础上去判断你的将来。

地位的标志：形象价值无限

罗伯特·庞德说："大多数不成功的人，之所以会有失败的结果，是因为他们首先看起来就不像成功者。再者，他们看起来就不想成功，没有成功的欲望和动力。或者他们根本就不知道什么是成功，当成功的机会来到时，他们不知道如何把握。"

外在形象对于一个人的个人魅力有非常重要的作用。

事实上，我们的"形象"从更深的角度来看，是一个人的外表与内在结合而留下的一种印象，一种能量场，同时也是一种浓缩了一个人全部精华的可变体，它无声而准确地讲述着我们全部的故事：

1. 你的年龄：年轻还是苍老？

2. 文化素质：文化水平如何？

3. 修养和品位：有没有内涵？

4. 社会地位：工作和财富如何？

曾经担任了美国三位总统礼仪顾问的威廉·索尔比说："当你学会怎样包装自己的时候，它就会给你带来真正的优势。它是一种技能，也是你一定能够学会的技能。"

我曾对美国一百家大型公司的总裁做过访问调查，结果显示：有超过97％的人认为，懂得并能展示自己形象魅力的人，会在他那里获得更多的升迁机会；有超过95％的总裁则相信，不合适的穿着会使那些到他公司来面试的人更容易遭到淘汰；另有93％的人表示，绝不会用不懂穿着的人做自己的助手；**100％的老板都向我表明：他们一定会送自己的子女学习有关形象提升的课程。**因为一个好的形象，对于一个人的人生价值来说，它所起到的作用，远远超过这个人继承了多少遗产，手里拥有多少资金。好的形象决定了你能在自己的人生中赚到多少金钱，继承来的财富却一定会被坏形象迅速挥霍一空。

在西雅图，我曾亲眼见过一个美国的富二代罗比——他的父亲是华盛顿当地一个很有钱的电器经销商。人们都叫他"老罗比的儿子"，这表明他的父亲确实是一位影响力卓著的大人物。罗比希望加入一家公司，成为大股东，他手里握着上千万资金，对于该公司的管理层极有诱惑力，足以解决公司现在遇到的经济麻烦。

但是，他被无情地拒绝了，对方根本就不想理会他，也不想再见到他。理由听起来有点儿好笑。他们说："我们看到了一位装扮怪异的外星男孩向我们走来，他戴着两只超级耳环，可能只有火星才盛产这种耳环，他还染了自己的眉毛，穿着不着调的裤子和鞋子，那副打扮绝对不适合出现在任何一家公司的走廊上，因为会吓坏女员工。我想，他不是来投资的，而是想在这里上演一场个人秀——让人们看看他是多么有个性。哦，我们只好对他说，对不起，男孩，如果是您的父亲亲自前来，我们一定敞开大门热情迎接，但是您，我想我们没有这个兴趣……"

罗比愤怒极了，他挥舞着支票，在空气中无力地转了几圈。然后离开了。从此，我在当地的社交圈再也没见过他。他可能回了华盛顿，也可能去别的地方寻找机会。总之，这次让他感到羞辱的拒绝，全是因为他不伦不类的形象和打扮。

　　形象的价值，我们怎么形容都不过分。当然，我们所谈的一定是由内而外相结合的整体形象，而不单指几件衣服或首饰。罗比给人的糟糕印象，恰好是因为他的装扮很不合时宜地将他内在的浮华呈现给了一群专业的人士，从而让他失去了一次投资机会。

　　如果单纯以外表去衡量一个人的形象，肯定是肤浅和愚蠢的。穿什么衣服和戴什么首饰，并不是我想谈的，这样的话题往往需要结合你所处的场合和你要从事的工作进行论述。即便你此时正光着脚丫阅读我这本书，也无须由于上述的案例而感到自身的魅力价值正快速下跌。

　　但是，我们绝不能否认的是，一个人只要身处于社会中，那么他周围的人每时每刻都在根据他的形象（包括服饰、发型、声调、手势、语言等）评价着他，每一个细节都会对他的形象造成影响。无论他愿意与否，他都在留给别人一个关于自己的印象：这个人是干净还是整洁，是否值得信赖？人们会就此做出一个初步的判断。

　　同时，他的形象也会在工作中影响他的升迁，在商业中决定他的谈判。对于人际关系的影响自然更加深远，左右着他的朋友对他的判断。我们还可以认为，他的形象甚至会时时刻刻地影响着他的自尊与自信，决定着他内心的幸福和宁静。

营销你的形象品牌

这是一个营销的时代，凡事都在追求营销。人的价值也像商品和企业一样，你的观念、想法，都需要通过一定的合适方法告知别人，让人知道，才能给予你表现的机会和发挥的舞台。

也就是说，**每一个人都是一个品牌，你现在的形象决定了你的明天会是什么样**。因为人们看到的都是你的现在，然后在现在的基础上去判断你的将来。

一个年轻人刚刚离开校园，准备踏入社会的时候，如果你希望自己将来有所建树，特别是渴望别人能够看到你自身不凡的魅力——凭借个人形象的影响力去获得机会，那么从这一天开始，你就要格外注意自己的形象，一丝一毫都不可懈怠。

我的建议是：你要有建立个人品牌的想法，将自己视作一种新上市的产品。你要告诉自己："我是一件新款的商品，同时我是它的设计者，为了它，我必须付出最大的心血，给予最多的关注，去经营每一个细节。"只有渴望和热情是远远不够的，你还要拿出慎重与积极的态度，时刻维护好自己的形象，然后再去开始自己的职场生涯。

我刚到美国时，有一次到一家社交俱乐部出席一场聚会。与会者有白人，也有黑人，大约三十人左右。我正和几个朋友一起聊天，身边经过了一个亚洲人，举起酒杯跟我打招呼。他说："你好，苏先生。"

"您是？"我很惊讶地看着他，他竟然认识我。更让我讶异的是他的言行举止，与他的年龄太不相符了。他是一个二十岁左右的小伙子，说着流利的中文，穿着得体，看上去十分干净整洁且干练，眼神诚恳。

如果用一句话来总结我对他的第一印象，他是那种让人第一眼看上去就非常信任的人。生活中我们经常遇到此类人，他们不需要多说什么，只要你看到他，就想和他坐在一起喝杯酒，任何事交给他，你都会非常放心。

他说："我叫李宾，上个月刚到美国，对您久仰大名。"

通过介绍，我知道了他的情况。这是一个从中国北京来美国发展的年轻人，但是几十天过去了，他还处于失业的状态，没有找到合适的工作。如果你看到他的背景，你就会更加吃惊，因为他只是高中毕业，没有读过大学。在国内，他在几家报社打过工，也在北京的街头夜市卖过服装。当然，他的英语说得很棒，全部是自学。

我们没有说太多的话，我给他留下了名片，就离开了。但我当时就认定，这个叫李宾的年轻人，将来一定有着光明的前途。他一定可以在美国发展得很好，我正是基于他的形象做出的判断。

果不其然，半年后，他给我打来电话，请我吃饭。在饭桌上，他十分礼貌地告诉我，他换了联系方式，目前已经在一家很有实力的广告公司做策划人员。他请我有时间对他进行指导，希望我给他一些建议，表现得十分谦虚。

接下来，我有长达五年的时间没有主动联系他。并非因为我不想跟他交流，而是实在缺乏足够的时间。但他一直主动定期给我发短信，告知他的每一次变动，并及时向我送上节日祝福。五年后，当我再次见到他时，他已经是好莱坞联美制作公司一位知名的策划人员。联美制作是美国八大电影投资制作商之一，有着强大的实力和悠久的传统。

对于他的成功，我丝毫没有感到意外，因为从我见到他的第一面起，就已经预料到他今天的高度。

现在的形象，决定你的未来，无论你将来的理想是什么。你要知道，我们当然会换许多工作，甚至会更换行业，但我们的个人品牌（形象）会一生相随。你的个人品牌不论在公共领域还是私人领域都是同样有效的，它们还会交互影响。你在公共领域建立的好形象，在你的私人领域必然受到肯定；而你在私人领域保持的良好口碑，也会在公共领域中为你加分。

形象差异的价值：让人第一时间注意到你

制造形象差异的价值，其实就是创造不同和亮点，以成功地推销出自己。这是帮助你获得更多关注的重要步骤。你可以想象一下一个红色的灯泡悬挂在无数白色炽光灯中间的效果，人们第一眼就能发现它的存在，那些白色的灯泡只能承受与自己的同类浑然一体、无法识别的痛苦。

科学家早就研究发现，人们经常凭借记忆中的印象去判断对方。这在企业管理中的应用同样广泛。比如，头脑记忆对于高级管理者的人事选择和提拔有着巨大影响。如果决策者要考虑提拔一个人，那么他们的脑海里往往只有少数几个可以供他选择的对象：那些凭借超强能力脱颖而出的人，以及他平时十分熟悉的面孔。

也就是说，此时影响他选择的因素只有两种：

1. **实际能力打动了他。**

2. **给他留下了深刻印象。**

在上司面前展现出过硬的工作能力，当然是最优的选择。但是，假如你的能力没有优秀到这种程度呢？你就要考虑形象的问题。如果你在工作中确实取得了一些成绩，并且实现了所有目标，但你仍然没有得到提升，那很可能是你根本没有在形象方面去推销自己，或者是你在这方面做得很差。

制造形象差异的目的就是，你应设法引起别人的注意，让他可以看到你全方位的优秀。就像一面反光镜，借助这面镜子，你能将强烈的阳光吸引到自己的身上，再反射到他的眼睛中，让他马上关注到你。

有人问我："是不是我在穿着上突出个性就可以了？"

我的回答是否定的：形象差异的制造，是利用自己的优势，并充分发挥自己的才能，然后去牢牢地抓住机遇，而不只是突出个性就可以了。你必须注重场合，时刻警告自己，绝不可挑战环境、职位、身份和场合对你的要求。越过红线的后果是谁也无法挽救的。假如你穿着一身朋克风格的服装出现在高端的商业场合，即便你制造了充满个性的轰动效应，又能怎么样呢？每个人都在第一时间看到你了，但他们的脸上无一例外地充满了嘲笑。

在华尔街，有一则流传很广的故事。彼得·林奇的公司需要招聘一名证券分析顾问，他举办了一场规模很大的面试。仅仅一天的时间，就有上百人来到他的办公室面试，在面试官那里通过初试的每个人资历都极其完美，无懈可击。但是彼得·林奇对这些人没有兴趣，他从被面试官淘汰的简历中选择了一个资历很一般的人。"老板，您为什么选他呢？"

"因为他给我的印象最深。"彼得·林奇面无表情地回答，"他知道如何包装自己，这是一门学问，我们需要这样的眼光，因为我们干的就是包装股票的生意。"

我注意到，在形象包装方面，许多人都过于谦虚了。多数人选择了隐藏光芒，而不是尽可能闪亮和突出。我在美国总是注意到，凡是华人员工，在形象方面都特别低调含蓄，和公司内的大多数同事保持一致，尽可能地让自己不会成为人们眼中的"异类"。假如哪天不小心成了形象方面的主角，他们甚至会觉得很恼火，对此忐忑不安，生怕成为人们眼中的焦点人物，遭到背后的议论。

重视心灵方面的内涵和行事低调，固然是一项不可多得的美德，但适当的形象品牌的营造，有利于实现内外品质的结合。这是一条永远不变的真理。"魅力"的形成不只是心灵的提升，它在外在一定会体现为得体和富有亮点的形象。

你不要总是将"含而不露"视作一种美德，自认为优点、成绩和才能一定会被别人发现。金子总有发光的那一天，前提是你得让人发现你埋在这儿，而不是让大家觉得你这儿是一片毫无价值的荒芜之地。

总而言之，千万不要羞于包装自己的形象，被动地等待伯乐来发现你。即使你自身拥有傲人的资本，也需要表现出来，否则你自身的优势只能淹没在自我保护之中。形象差异的制造，形象地说，就像孔雀开屏，在"动物园"中充分地展现自己的能力和优势，让人第一眼就看到你，然后迫不及待地把注意力转移到你的身上。

成功者的着装升级品位

何为良好的品位及如何体现

得体优雅的服装能够塑造一个人的品位，着装首先是一种视觉的工具，你能用它达到你的目的。因为你的外部形象可以向人们传达你的生活品位，以及你的学识、内涵在这个社会所达到的层次和境界。你的着装会为你打开胜利之门，你的品位能够向周围的环境传递出你的权威和可信度，并传达出你是一名成功者的信息，成为视觉的焦点和社交场的中心人物。

比如，那些穿着一身别扭的化纤西服、陈旧的衬衣，却又戴着一条鲜艳领带的人，没有丝毫机会进入公司高层的视线。与此对应的是，一名衣着光鲜、不染一尘的老板，若是去到他的建筑工地，也会让属下觉得万分不协调，并让在工地上干活的员工觉得缺乏亲近感。

这就是品位，人们会把优秀的服装与优质的人、不菲的收入、高贵的社会身份、一定的权威、高雅的文化品位等联系起来。所以，那些事业上卓有成就的人，一般都会衣着得体，与他的身份十分相宜。**品位与着装的价格没有必然联系，它体现出一个人的着装眼光和对身份的定位。**有的人哪怕只是穿着一件价值三十块钱的衬衣，都会让你觉得敬重，这种感觉来源于他的气势和由内而外散发出来的气质。而有的人哪怕一身上万元的服装也会让人觉得不舒服，因为他的低品位和令人不舒服的形象举止，浪费了这件衣服本身的价值。

因此，无论你穿什么，都要跟自己的品位相关联。

大方的外表和恰当的距离

大方的外表是由着装的综合细节体现的。一个成功的人，必然拥有良好的教养与平和的心态。他们既追求生活品质，又低调内敛；他们穿着考究，却从不炫富。这使得他们不管穿什么，都会显得形象大方得体，让人感觉十分舒适，愿意跟他们交流，进而成为朋友和商业伙伴。

这种大方得体的形象，通常可以从一些着装的细节展现出来。

① **手表和小饰件搭配的必要性**

手表对于我们来说，并不仅仅是一个计时的工具，更是独特个性的体现。一身价格不菲的衣服，如果配上一块得体的手表，就会相得益彰。优雅的人从来不会佩戴嵌金镶钻的手表，他们更钟爱的是实用性和品质感并存的设计。饰件的价格并不是问题，对于整体魅力的提升，才是我们需要看重的。

② **领带和腰带**

选择这两样东西，我们要看它们的材质、颜色和做工，这通常也是成功者的标准。他们所钟爱的领带色调含蓄，设计简单，材料上乘，做工必须一丝不苟。当然，它们的价格也不会太低。腰带同样如此，它们需要在不经意间给人一种大方的感觉，让人不知不觉中臣服于个人魅力之下。

③ **敏锐的色彩判断力**

穿衣的色彩搭配是必须清楚说明的，我知道这一领域的知识目前已经很流行。不过，似乎大多数人对此的专业程度和关注度还远远不够。好的着装要考虑它的色彩搭配，既使人第一眼看到你就觉得你是一个特别成功的人，又不至于颜色太鲜亮，从而刺激到对方。一句话，我们穿衣需要一些艺术性的品位，能给人以视觉的美感。

适应的场合和你的行动

你的穿着必须跟场合完美匹配，不同的场合需要你穿上不同风格的衣服，绝不可不顾出席场合的要求随意着装。比如，参加商业聚会的着装必须严肃得体，端庄正式；去私人宴会则没这个必要，如果太严肃反而让人不适；会见朋友时你不能穿上燕尾服，在公司约见下属时你也不能只穿着一身短衣短裤，而是应该简洁正式。

针对不同的需要，选择合适的着装，这正是魅力人士的一种基本素质。

用足够的热情增加你的个人魅力

显示出热情和活力，是提高我们个人魅力最关键的方法之一。这几乎是一种常识，并不需要格外强调。你在工作的过程中，要寻找一切机会充分展现你的投入、思想、激情以及其他不同寻常的品质。不仅要打动你自己的老板，重要的是解决工作中的问题，赢得同事、下属和客户的认可。

你想什么都不做就让别人折服于你的魅力吗？这样的想法只能是空中楼阁。一个追求安逸的人很难对生活保持热情，当然，也不可能使人感受到他的"魅力"。事实上，这样的人也没什么值得尊崇之处。如果整天还在抱怨人们对他的不理解、环境的不公和客户的挑剔，甚至到了怀才不遇和自暴自弃的地步，那他最应该做的不是去攻击外界，而是深刻地反省自己。

我在新加坡的时候，有一位同事，是一个做事很有想法的人。比如，他可以在工作会议听到一半时，就敏锐地发现老板的思路有误，他也能够迅速地看到这些思路需要改进的地方，以及应该如何改进——但他从来不会将自己的想法表达出来。

"你为什么不向老板提出意见呢？他很希望下属给予他更好的建议。"

"没有必要，我是一个打工的，得罪老板干什么，如果他给我小鞋穿，我吃不了兜着走，还是领好工资做好本分事吧。"

我每次跟他交流，他都如是回答。人们对他的评价是：这家伙十分理性、冷静，是一个很少犯错的人。

在得过且过的平庸思维的主导下，我的这位同事在该公司工作了一年的时间，一直默默无闻，好像从未有所建树，但不少人知道，他其实有着很不错的工作能力。

不久前我路过新加坡，想去看看他，他在电话中对我说，他已经离职了，目前在另一家公司，还是十年前的职位，事业没有任何进展。

缺乏热情导致的结果，不但是工作进展缓慢，关键是别人无法看到你的能力，对你缺乏信心。老板不会喜欢用冷淡的态度对待工作的员工，他们要的是员工热情如火；同理，你身为一名成功人士，一位管理者，更需要展示自己的热情，从而让员工和客户被你的魅力所感染，愿意听从你的指挥，与你合作。

我在这里提供几个简单但效果非凡让你获得释放热情并展现魅力的方法：

1. 在工作中保持环境的干净和整洁，避免给人凌乱的印象。

你的办公桌必须是干净整洁的。如果没有时间和精力做到，你也要保证自己的桌子让别人看上去第一眼的印象是"还可以"，而不是"脏透了"。桌面上的文件要有序摆放，不可将盒饭等垃圾随意放置。你要知道，一个人正在处理的文件量越少，办公桌越井井有条，你给人的印象就越好。这说明你的工作能力很强，处理事情的速度很快，工作效率很高。

2. 不管任何时候，你都要尽可能地精神饱满和精力充沛。

商业会晤之前，若有时间，你可以小睡一会儿，并且淋浴一下。出发时，将自己打扮得精神抖擞，将激情和富有活力的一面展现在同人和客户的面前。就算见朋友，也应该如此。时刻精神十足，会让他人臣服于你的热情，有利于你掌握主动，掌握会见和谈话的主导权。

3. 使工作进展严格遵循计划，有可以参照的时间表和活动表。

这能让你的工作和生活看起来有条不紊，充分展现自己的神采和活力。你还可以在图表上标注事情的进展和计划的实现程度，这能帮助你迅速及时地删除已完成的信息，知道目前已经进行到了哪一步，有助于思路清晰，保持旺盛的精力。但是，许多人只喜欢用脑子记住所有的事，因此常感觉疲惫和记忆不好。当你看到一个绞尽脑汁回忆某件事的人，你不会认为他能有什么热情和活力。

4. 在会议中，尽量提到其他人的名字，然后详细谈论他们正在做的事。

你对部门内正在发生的事情如此了解，并且看起来这些事情尽在你的掌握之中，这会让你赢得同事和下属的尊重，以及上司的欣赏和喜爱。你会表现出自己独一无二的视野和对工作的关注度，使人们为之折服。

5. 在危急时刻，你必须表现出镇静和自制，这是我们展示自己魅力的最好方式。

当你面对危机时，在慌乱的人群中，你应使自己保持镇静，并且发表让人放心的讲话。领导人物一般都是这样形成的，你减轻了别人的焦虑，帮助别人顺利地度过了危机，能直接地增加你的魅力。

处于混乱之中的人们很容易被一种稳定的力量吸引过去。人们在无计可施时，会抱住任何可以支撑心理的"柱子"，来为自己找回安全感。当帆船在海上遇到风浪时，水手寄希望于船长，而你此时的表现将决定你是不是那个有资格做"船长"的人。这不仅仅要求表面上沉着冷静，还必须采取果断的行动，使危机或任何令人不安的情况处于你的控制之中。

有魅力的"自信"应该怎样体现

我认为，如果你真正地建立了内在的自信，那么你就已经迈进了成功的大门，接下来的问题是你怎样将自己的信心释放出来。内在的潜修是严格的准备过程，但是只有成功地展现出自信，你才能建立属于自己的魅力领地。

自信并不是一种只属于自己的感觉，而是可以释放出来并且影响别人的能量。如果一个人只是怀着坚定的信心和希望，除此之外什么都不做，他是无法做成计划中的事业的。自信虽然能够孕育信心，但你仍然需要通过充满信心的活动使别人对你和你的见解产生信任，从而支持你的行动，甚至服从你的思路，在你的影响下，协助你达到更高的境界。

所以，我主张每一个充满自信的人，都以拿破仑的标准来要求自己。拿破仑曾经也被流放，但他没有失去信心，终于取得了成功。我总结了三项"拿破仑标准"：第一，你必须在悲观中充满希望，哪怕被现实流放；第二，你必须对自己过去的工作充满自信，相信它们能够带给你回报；第三，你必须在机遇来临时充满必胜的把握，而不是忐忑不安地等待命运的宣判。

1. 什么时候都不能没有微笑。

要实现这三项"拿破仑标准"，我们有许多工作要做。但对于现实中的你来说，最重要的也是最需要你每天做的就是微笑。我们多次强调微笑的价值——事实上，在无数著名成功学大师的字典里，你都能时常看到它的存在和重要性。微笑是一种普世的魅力，是打动人的利器，也是一个在人与人的交往中魅力指数最高的因素。它在个人魅力提升层面起到的作用，相比于其他方法，占到了绝对优势。

微笑还可以使人减少对你的猜测，甚至是猜忌。即便一个从不了解你、对你感到陌生和怀疑的人，也能从你的笑容中看到你的信心和善意。一个适当的微笑，在恰当的时机表现出来，会使人感觉到你的友善，帮助你吸引到更多的朋友。我们很难想象，一个愁眉苦脸的人会有什么自信。面对同样的问题，笑容满面比紧皱眉头更能让人觉得放心和可以信赖。

2. 倾听是你表现自信的另一种方式。

现在很多人都喜欢表达，迫切地希望别人知道自己想什么、要什么，结果却成了过度表达。他们大多没有耐心听取别人给予的建议，只是关心自己，而且希望别人都来关注自己。所以我们看到，倾诉成为人们的第一选择，这恰恰是不自信的体现。

如果你能够耐心地倾听，去关注对方说了什么，这不仅能够表达你的自信，还能告诉对方"我很在乎你"。通过倾听，你也无可置疑地产生了"极受欢迎"的魅力。

倾听做起来并不难，当别人与你探讨时，你可适当地凝视对方，并且专心地聆听他诉说的每一句话；你要习惯于询问和关注对方的快乐和痛苦，让他发觉你是多么地在乎他和友好。然后他会觉得你是一个值得交往的人，并且愿意和你有心灵的交流。在不知不觉中，他会越来越在乎你，离不开你。你的魅力会成倍增长，成为一个受欢迎的人。

3. 牢牢握住"付出"的法宝。

我知道，付出是很难的。这对一个考虑如何获得利益的人来说，更是难上加难。人们总是在想："他能为我做什么？他对我有什么价值？"基于这个原则去选择合作、交往，还是拒绝和背弃。如果你也这么想，恰恰错了。一个人若是不能先看到自己对于他人的价值，他的内心本质上还是处于一种自卑和功利的立场。

他没有信心让别人为自己付出，所以才会将索取放在第一位。他害怕没有收获，才会不敢付出哪怕一丁点儿成本。这是对自己缺乏自信的表现。

如果你真正了解这个社会，洞悉了交际和生存的本质，你就会发现，不管我们做什么都得付出。企业向银行贷款，银行会首先调查你的还贷能力。没有人相信空头支票，感情和工作都是如此。如果你乐意和善于为他人做点儿事情，对方最终一定会被你的诚意和善意所打动，回报自然就会源源不断。

4. 实在没有自信时，你也应该表现得很自信，哪怕这只是一种伪装。

大多数人在感觉自己严重缺乏信心时，往往会直接地做出好像没有自信的举动。这是一种本能的反应，结果他会愈来愈没有自信。

我提供一个相反的方法：你需要纠正自己的行为逻辑，使本能的反应逆向地产生作用。当你缺乏自信时，你更应该做一些充满自信的举动。比如，如果你强烈地认为自己不可能完成这一件事，你要说的不应该是"我不可以，我做不到"而是"我可以，我想试试，请给我这个机会"！

你要直接告诉自己："信心是我与生俱来的私人物品，它不会丢失，不会跑掉，永远都在我内心深处。只要我乐意，我就能将它呼唤出来。"你要明白，如果你自认为不行——假定这已成为一种危险的趋向，于是将事情抛下不管，任其自由落体般发展下去，那么情况真的会变得如你所设想的一样——危险的趋向将演变成一种可怕的现实，你也很难再度找回当初的雄心壮志和驾驭全局的信心。

差距表现在细节

我们多次强调过对于细节的把握与掌控。事实上，这不仅是着装的素质之一，更是人生规划和一个人整体修养的重要体现。人与人之间的差距，通常不是表现在对于大事的理解和原则上，而是在局部细节的对比之中。在生活中，你经常会见到一些人，他们穿着名牌，却不做名牌的事情，外在与内在有着巨大的差距——这恰是"暴发户"的特质。像有些人，每天都会向朋友炫耀自己身上的奢侈品："嘿，你看，我的手表价值五万元人民币。""快过来，看我新买的这件衣服，它可是国际著名的品牌哦！"还有的人，喜欢炫耀房子、名车，以及向他人展示自己的一切成功，期待他人的崇拜和羡慕。

假如有人对我说这样的话，我一定会皱眉走开，对方在我心中的形象一定会一落千丈，变得一钱不值。

形象的打造最可怕的错误就在于：虽然你的想法和目的都很好，但细节粗糙不堪。有些人穿着昂贵的衣服，指甲却好像有六个月没有清理了，伸出手让你感到恶心。还有的人不注意自己的妆容，并且满嘴脏话。有的人脚上穿着名牌皮鞋，坐在那里得意扬扬地摆动着双腿，可你仔细一看，他的袜子破了一个大洞。

更致命的细节在于礼仪和言辞上。有一次，我代表凯雷公司考察加州地区的一家公司，他们希望得到凯雷的投资，以改善岌岌可危的财政情况。他们的欢迎仪式非常隆重，一大群人陪同我和凯雷的另一名顾问参观公司，了解公司的情况。这其中就有该公司的财务经理索布里女士。

考察结束后，我很快作出了决定，礼貌地否决了他们的请求。因为索布里女士一个被众人忽视的细节让我看在了眼里：我发现，她应该有超过一周的时间没有洗头了。

我是怎样得出这个判断的呢？第一，很长时间没洗的头发，很暗淡，上面会有一些头皮屑；第二，当她从我身边经过时，我闻到了让人不安的气味。

你可能觉得，难道索布里不是因为工作忙碌、对公司尽心尽责才忽略了个人卫生吗？可是据我了解，最近半个月，索布里一直正常上下班，有足够的时间打理自己的形象。她为什么不处理好这些细节呢？特别是作为一名财务人员，在一些细微之处的疏忽，会付出很大的代价！

由此我断定：该公司的财务混乱会继续下去，哪怕他们得到了凯雷集团的入股，弄到一大笔钱，也不会有任何改善。这是由他们公司的人决定的，而不是金钱的因素！

有些细节甚至表现在内衣的选择与合理穿戴上，当然不是任何人都可以并且愿意从这些小环节的因素去否定或肯定一个人。这需要勇气，更需要判断力和对于事情之间关联的分析。人的魅力体现是多方位的，但对于细节的把握是趋同的。你首先要尊重自己，学会重视每一个细小的环节，才能全面地提升自己的形象，并且转化为个人的魅力和风度，改善别人对你的印象，并且建立自己的影响力。

个人品牌的三个组成：性格、能力和形象

我们对于个人品牌的构建，综合描述起来，你会发现它主要有三个部分：性格、能力和形象。好的性格会给你带来动态增长的能力，就如同"性格决定命运"那句名言；出众的形象设计则会让你的个人魅力有无限释放的可能；基本的能力当然也不可或缺，如果你只能夸夸其谈而不做实事，也无法形成自己的品牌。

这三个方面融合在一起，又将一个人分为了两个差异较大的部分。

1. 实体的范围

如果严格地区分，实体范围可以包括能力在内。但更明显地来看，形象在其中占了很大一部分，也就是你的外观组成特征，是人们用肉眼可以在第一时间看到的。比如，头发的颜色，是否戴眼镜，脸型，身高，胖瘦，身材和五官的比例。依次看下去，它还包括你的服装与服饰（由内及外的）、妆容、指甲的形状与颜色等各个不可忽视的细节。

实体的表现形式总体来说，就是我们对一个人能看得到和摸得着的一切细节的总和。你做事的基本能力也可以包含在内，因为人们对于业绩和事业的关注度往往比较直接，总会有强烈的感知度。

从魅力的角度来说，实体的部分可以称为一个人的"硬实力"。

2. 气质的范围

气质部分也非常容易理解，但是它所包含的范围就广得多。在我们的初步定义中，就是人们常说的一些性格因素，像文静、成熟、淑女、性感、幼稚、冲动等，不一而足。延伸出来，则包括一个人的做事风格，气质是动态的可以变化的品牌因素。

对于形象来说，我们的服饰是自身独特气质的一种关键性的延伸，除了人的身材无法改变外，衣服的穿着和搭配都是能够改善和创新的。魅力出众的人，对于自己外在的服装一般都有追求和爱好。他们并不盲从于流行和时尚，而是深深地懂得，任何服装的表现都是自身内在气质的延伸。

同时，他们当然也明白，一个作为个体的人，本身是具备变化性的，有时需要一种淑女或绅士的形象，有时又要让自己显得干练。因此，不同的需求决定了不同的选择，从而影响了自己最终体现出来的形象。

当你经过上述分析，确定了自身的品牌风格和对于魅力的需求之后，你需要决定的就是如何延伸你的气质。你要将形象的载体（气质与服装）准备得妥善与得体。我们必须为自己准备合适的衣服——出席不同的场合，同时对于自身气质的把握驾轻就熟。后者是难点，因为如果你不能从容地表现内在的自我，即便你穿上全世界最好的衣服也无济于事，只会贻笑大方。

曾经有位谈判专家就在这方面闹了笑话。他白天参加了一场银行抢劫案的谈判，回家的途中接到赴宴的电话，于是拐弯去了饭店。他过于严肃的工作装扮出现在朋友聚会的场合上，人们的反应让他直接傻眼。

朋友们都穿着十分休闲的衣服，只有他是西装革履，还戴着墨镜。他只好自嘲地说："看来我要回去换衣服了。"虽然在朋友的谅解下，他没有真的回家去，但这场聚会对他来说，剩下的时间只能用煎熬来形容了。

可以告诉你一个残酷而不讲情理的原则：即便人们对你仰慕已久，你已名声在外，可是有一天如果你不注意自己形象的话，不伦不类的衣着对于你的内在气质的不良影响，其破坏力也会超出你的想象。无论什么时候，外在形象都是一项必须谨记的原则和自我要求。

最后，不得不提的是，**在个人品牌的形成过程中，起到关键作用的往往不是外在的个人魅力，而是内在的个人修养与文化素质**。我们可以多读一些书，增加知识储备，来修炼内在的魅力。这本来不应成为问题，无奈我们看到的种种现象已经向我们多次证实了这样一种现状：人们经常误以为魅力就是穿几件好衣服，做一个好造型。

自身的独特气质和良好的公众品牌，一定是由内在的修养和文化以及它对外释放的力度来表现和形成的。

CHAPTER 09
魅力的钥匙

这是我们生活中一个最大的秘密：你的身上藏有最值钱的钻石，但需要你自己去发现和挖掘。这些钻石就是你的潜力和能力，是你得以在这个世界上创新的最宝贵的动力，足以帮助你实现最伟大的理想。

创新的勇气和魄力

　　具有创新精神的人，很容易就能征服公众，引领这个世界的潮流。创新需要的不只是头脑，还要具备敢于开拓的勇气、放眼全球的智慧以及合作的心胸。你不仅要拥有思想，更要乐于跟他人协作，并将你的想法变成整个团队的追求。也就是说，你有一个好点子和把好点子变成现实是两回事。你在纸上写下了伟大的构想，并不等于你已经解决了问题，展示了你的风采和魅力。伟大的企业家和领导们都是在创新的实践中，以自己巨大的勇气和魄力赢得了人们的尊敬。

　　在网络浏览器领域，微软公司击败了网景公司之后，就很少有人敢于向其挑战了。然而，挪威歌剧软件公司的首席执行官泰茨诺向微软发起了挑战。他所倚仗的资本就是自己的创新能力，"为什么只有微软可以称霸世界？我为何不行？只要我的想法足够优秀，微软就会败在我的手下。"他开发出了新的浏览器，使上网变得更为简单和迅速，逐渐吸引了许多忠实的用户。

　　泰茨诺成功地走出了第一步，尽管最初的五年内，他的公司仍然困难重重，但他始终没有放弃。后来，他推出了售价为 39 英镑的可屏蔽广告的浏览器，又将软件产品扩展到手机和互动电视等领域。今天的情形是怎样的呢？人们发现，IBM、诺基亚和摩托罗拉等大公司都在使用他的软件。

如果不敢以自己的创新去与微软抗衡，或许现在的泰茨诺已经失望地离开了这个行业，他也很难得到公司同人的尊重，在业内为自己赚取这么高的声望。对此，我们的总结就是，创新是一家企业的生命力。就算你是一家小公司，只要在创新方面独树一帜，你也能够在很短的时间内，一举超越那些曾经让你仰望的知名企业，甚至成为他们追求和依赖的对象。

近些年来，麦当劳在欧洲的发展并不顺利，受到了很强的阻力，但在法国是一个例外。这全要归功于丹尼斯·汉尼奎。他在担任麦当劳法国地区总经理的七年中，根据欧洲客人的习惯和爱好进行了许多改变：增加了季节沙拉、法国蛋糕等新品，提供耳机供客人欣赏音乐。人们可以坐在麦当劳的餐桌旁悠闲地聊天，而不仅仅是狼吞虎咽地享用汉堡包。

他希望用新的思路应对欧洲市场的强大阻力，这对于一个传统的快餐巨头来说并不容易，因为传统巨人通常以自己的"传统思维"为最大的骄傲，就像一些已经取得成功的人一样，会经常这么想："我的思路就是正确的，不容改变！"正是这种拒绝更新和调整的顽固心态，会让其遭到挫败。所以，在麦当劳进行改变并不容易，汉尼奎遭到了很多人的怀疑和反对。但他坚持了下来，信心满满地实施他的计划。

结果证明，汉尼奎所做的一切无比正确，经过他的一系列举措，使麦当劳进入了法国最佳销售者的名单，每位顾客的平均消费金额是美国店面的两倍还多。而且，麦当劳在法国的分店数目也增加了一倍，超过了一千家。当他荣升麦当劳欧洲区副总裁时，说了一句话作为总结："作为一名有担当的管理者，没有创新的勇气是不可能取得成功的。"

因此，当有人对我抱怨他的"创新"前景不明或无人接受时，我会将汉尼奎的这句话转述给他。创新精神是一个人的基本素质，是人格魅力的一种重要体现。但这还远远不够——你的思考不仅要敢于不同，大胆得足以相信自己可以改变世界，而且你还要使自己聪明得可以做到这一点。

改变旧的思维

这是我们进行创新的基础——改变旧的思维，确立新的思考方向。

你能改变一种思维的方式，就能改变一件事的结果，由败转胜，让僵局变成顺局，使看不到希望的"瓶颈"得以顺利突破。改变了旧的思维，你就等于改变了人生，主宰了自己的命运。

去除旧思维的实质意义就是换位思考，学会从另一种角度考虑如何破除僵局。我们走路钻进了死胡同，这就是一种僵局。唯一的办法可能并不是考虑如何爬墙翻过去，而是转身离开，去找到另一条不需要攀登高墙的道路。

就像有的人喜欢在那儿不停地叫嚷："哎呀，我等了半天了，客户还不到，他这才走了一半的路呢。"他吼来吼去，摔电话，扔文件，起到的作用只有一个：客户还没来。

如果这个人是你，你怎么办呢？你为什么非要在这里等，为什么不能主动出击呢？一个聪明人此时就会拿出"山不过来，我就过去"的精神，客户既然只走了那么短的距离，那么干脆开车迎过去，在某个地点碰头。完全可以临时改变计划，换个地方谈。

你可以拿起电话："你好，赵总，您到哪儿了？我听说附近有个很不错的风景区，我开车半小时就到，我们不如在那儿边玩边谈。"你看，问题马上解决了，皆大欢喜，对方还会佩服你随机应变的能力，这对你的魅力无疑是一种额外的加分。

创新就是要做开创性的工作。什么是开创性的工作？我举一个例子。

吉恩·斯坦芬是史克集团旗下一家生物公司的总裁。长期以来，在医药界有一个传统，就是把新研制的疫苗首先销往欧美等发达国家，但是斯坦芬反其道而行之，考虑另一块新的市场："我为什么不能先考虑发展中国家，最后再考虑美国市场？"

他是这样说，也是这样做的。因为发展中国家对于疫苗的需求大，新药立项审批程序比较简单，公司的新药研发周期也就大为缩短，这对经营方面的需求来说，让公司获利甚多。更重要的是，新药在发展中国家的应用中积累了大量临床数据，从而在进入欧美市场时，不需要再花费巨资进行临床试验，成本大为降低。在斯坦芬新思路的影响下，史克生物公司由只有一种产品、年收入三百万美元的小公司，迅速成长为年收入二十亿美元的世界头号疫苗公司。

如果你不能用自己传统的思维改变世界，那么你就要改变自己的思维去重新拥抱世界。一个人，只有具备过人的智慧，才能占领制高点。拥有创新的思维，才能建立属于自己的魅力。

创新不可回避的问题：纠错的道德风险与收获

创新者必须敢于纠错，过去的想法如果是错误的，是勇于改正还是回避问题？相信当每个人遇到这个问题时，都会陷入一种苦恼。你会发现创新并不那么美妙，还意味着要惹上麻烦——对于错误的坚持者（利益集团的阻挠），你是否能拿出强大的魄力去承担突破的重任？

联想总裁柳传志曾就联想的发展道路进行过一次经典总结，他说："一言以蔽之，创新与纠错。用政治家的语汇来讲，创新是一个民族进步的灵魂，纠错则是创新者的必经历练之途。二者相辅相成，互为依存，缺一就不足以成就亘古未有的伟大事业。"

当你纠正错误时，将面临自己"决策失误"或"判断错误"的风险，会带来一些损失，比如形象遭到怀疑和能力被人扣分。但是，收获也是巨大的。错误与收获总是同时存在，无论我们扮演何种角色，做了什么事情。

不守一屋之成，才能赢天下

不拘泥于以前的策略，善于并敢于改变，突破旧的格局，才能始终领先。企业和个人都会面临这种选择。当你赢得了一座房子，你是想继续博弈，还是守住这点儿可怜的家业？

德国著名的 SAP 软件公司曾经因为没有跟上网络发展的大潮而饱受批评，直到开格曼成为首席执行官，才做出了关键性的决定。开格曼提出，公司要追赶商务解决方案的潮流，而不是固守在昨日的辉煌中。他大胆决定，建立一个开放的软件系统：各公司无论使用什么样的浏览器和软件，都可以在这个开放的系统中得以应用。这一决策的出台，使得原本慢了半拍的 SAP 公司在竞争激烈的软件业中重新找到了自己的位置。

有时候，你需要制定与众不同的策略，将自己的"一屋之成"变成没有疆域的"帝国"。如果你只是抱残守缺，觉得昨天的成功已经可以确保自己的安逸生活了，你就会陷入固执和守旧的泥潭，这对你的事业和个人形象都是莫大的损害。

冒险的气质

冒险精神是影响人性格的第六大要素，我们也可以称之为"勇气"。这是对于创新品质最为重要的推动力。就像一辆设计新颖的汽车，必须有足够的动力才能行驶起来。我们可以举一个例子证明这一点。

有一家公司因为经营不好，必须裁掉六名员工。这六个人并没有犯任何错误，却要收拾铺盖走人。面对这种突如其来的坏运气，这六个人的反应也不一样。

第一个人：陷入了无尽的深渊不能自拔，被莫名其妙的失业弄得摸不着头脑。他一想到自己失去了工作，内心就涌现出巨大的恐惧和压力，这让他无法冷静，也羞于抬头和谈论此事。

第二个人：他交际广泛，对事情总抱积极的态度。在得知自己将被解雇后，他马上去找自己的朋友和老同事，与他们建立起新的联系，并积极地与再就业促进组织联系。他一直保持乐观，认为找到一份新工作是有把握的。

第三个人：他茫然不知所措，因为他在公司总是非常准时、可靠和任劳任怨。他把工作放在首位，朋友和家庭则是第二位。不过，在失业后，他马上向其他公司发出了求职简历。尽管他不是那种很灵活的人，但他亦有自信认为自己能找到一份新的工作。

第四个人：他对于失业做出了积极的回应。他没有沮丧，因为他觉得自己还有很多的兴趣和爱好，以前，他甚至时常感到工作对个性的发展是一种阻碍。现在，他终于有属于自己的时间了，可以充分施展自己的才华和创造性。所以，当他被人事部门叫去谈话并被告知明天就要离职时，他反而非常快乐，并马上立下新的志向，希望成为一个自由职业者，开拓属于自己的一片广阔新天地。

第五个人：他是一个好人，同事对他的离职都感到遗憾。因为每个人都愿意向他敞开心扉，道出自己的苦恼，请他帮助排解。他能够清楚地记得每位同事的生日，并为他们庆祝。同事间发生口角或纠纷，也都愿意请他去主持公道，从中调解。当然，对于他来说，失业仅仅是经济上的损失。古道热肠的秉性使他能很快投入新的工作。他还经常参加教会组织的慈善活动，照顾住在附近的病人。尽管失业了，他仍旧感到有做不完的事，认为自己的生活仍然充满动力。

第六个人：他的反应完全不同于前面五个人，他在接到离职的命令后，主动找到公司的经理谈话。他对经理大发雷霆，指责管理者的错误决定，要求给予他提升而不是解雇。当然这是无济于事的，他还是被解雇了。他毫不犹豫地摔门而去，到新的公司努力为自己争取报酬更为丰厚的职位。即便遇到了新的挫折，他也不会灰心，而是继续尝试，直到获得令他满意的结果。

在这个案例中，前五个人的表现恰好是"影响人性格的五大基本要素"。第一个人体现出来的是人的"敏感性"；第二个人则突出地体现了"交际能力"；第三个人让我们看到了人的"自控能力"；第四个人表现出的是人的"开放性"；而第五个人则强烈地表现了人的"对他人的关爱"的素质。这都是人的性格的基本组成要素，并且也是魅力品质的重要组成部分。

第六个人的表现则大为不同，有别于前面的五个人，甚至这种要素无法被我们列入传统心理学的范畴和前面五大要素的框架中。他所展现出来的，就是人的冒险精神。他独具先锋精神，渴望竞争，乐于冒险，而且做事雷厉风行。

需要强调的是，**我们鼓励所有的创新家都具备冒险的气质，但是并不等于我们肯定"莽撞"和"粗鲁"的行为。**你的行动要有明确的目的性，清楚地知道自己在做什么，并且愿意承担责任。你为了达到目标，要勇于承担风险。竞争会使你感到兴奋，而不是残酷和无趣；冒险对你来说是一种快乐，创新更是你值得终生为之付出的追求。

真正具备冒险气质的创新家，都会问自己一个问题："我是否已经做好了准备？我要在充满危机与挑战的情况下，承担重大的责任！"他们更倾向于独自面对形势严峻的挑战，并且为了达到最终的目标，能够承受重大的挫折和打击。正是这些特质，使这样的人成了人们心目中的领导者，因为他们总能在逆境中给人强大的激励和感召力，让一群各有特点的人追随着他的旗帜，为了一个目标而坚持奋斗。

他们对于任何危险的事物都不会感到恐惧，即使偶尔有所动摇，最终也能战胜这种心理，重新投入新一轮的努力当中。他们不会因为担心危险而放弃追求，而是会接受挑战，充满信心地迎着危险和困难勇往直前。他们渴望冒险，更渴望寻求一种体验生命极限的刺激。不过，你如果想到"蹦极"，就太肤浅了，他们并不追求简单的兴奋，而是向往对于人的存在价值的极限挑战。

我在国内看到的许多情况是，创业者和投资人双方都不敢真正地去冒险。我和亚当·麦肯先生接受中国创业者的资金申请时，每次都想看到一些疯狂的、全新的和有创意的想法，以及听他们讲一讲自己的大脑中完全不同于以往的思维模式。很遗憾，我们看到的总是一些直接复制西方商业模式的产品，听到的都是一些已经在其他地方被证明了的思路。

这的确让我们觉得沮丧，因为这并不是真正的创新和冒险。如果你只关注短期的收益而没有长远的计划，或者你只寻求从旧的思路中总结出一些勉强堪用的模式、思路和产品，那么我可以肯定地说，你不具备创新精神。也许你能以最快的速度赚到钱，让你的产品得到投资，但你很难在长远的时期里创造真正的价值，使你成为一家伟大公司的参与者。因为那些重要的驱动力或热情，在你的身上似乎并不存在。

挖掘潜在能力

不管我们将目光投向哪一个领域，我们都会发现一个事实：绝大部分正常人只运用了自身潜藏能力的 10％。可以这么说，每个人都有一座"潜能金矿"等待挖掘和释放出来。这其实就是创新精神的一部分。

对于潜能的激活，你需要养成一个良好的习惯。人们常说这句话：习惯决定人的命运。本质上则是，习惯决定了人的思维模式。因为**思维系统就像一个能量的调节器，好的思维习惯会确保你自发地使用自己的潜能，指引自己的行为朝成功的方向前进**，反之亦然。

就好比一只青蛙，突然被丢进了滚烫的开水中，如果这些开水没有迅速置它于死地，它就有可能第一时间从里面跳出来。它逃生的欲望和全部的潜能都在此时爆发了。而如果你把青蛙放在冷水中再慢慢加热，它就会很安逸地在里面游泳，并且形成了一个认识：这里很安全，我不用警惕。直到最后，它被烫死在里面。

一个人如果处于逐渐变热的水中，就会形成一种阻碍他释放潜能的惯性思维，不知不觉地在感官的愉悦中滋生惰性，失去了开拓和向上的动力，乃至丧失逃生的勇气和创新的魄力。这样的惯性思维是人生的慢性毒药，也是杀死潜能的利器。

关注自己的潜能，我们可以设计并形成一种固定的思维模式。你可以拿出一张纸，将自己通常会出现的思维方式和行为方式写在纸上，然后通过合理的分析，把这些思维方式和行为方式按好习惯、坏习惯进行分类。你一定会惊讶地发现一个令人恐惧的真相：原来自己有那么多坏习惯而不自知，怪不得总是后劲不足，没有办法坚持下去。

你要从破除这些形成惰性的坏习惯开始，逐渐使自己的思维具备开放性和积极进取的精神。你还要给自己设置一种激活的模式，将内在的潜能予以激发。你的雄心壮志一旦被激活，能量得以释放，你还必须继续关注和引导，才能控制这些能量并用在合适的地方。

美国联合保险公司的董事长克里蒙·斯通是一位在欧美享有盛名的大商家，他在演讲中，经常讲到一个农夫的故事。

有一个农夫，拥有一块土地，生活过得不错。但是，当他听说有块土地底下埋着钻石，他便梦想自己拥有一块钻石并富裕起来。于是，农夫把自己的土地卖了，离家出走，四处寻找可以发现钻石的地方。农夫走向遥远的异国他乡，然而从未发现钻石。最后，他囊空如洗。一天晚上，他在一片海滩上自杀身亡了。无巧不成书，那个买下他土地的人在散步时，无意中发现一块异样的石头，晶光闪闪，放射光芒，竟是一块钻石！一个最大的钻石矿就这么被发现了。

于是，斯通对此总结说：财富不是奔走四方去发现的，它属于那些靠自己去挖掘的人，只属于依靠自己土地的人，而且也只属于那些相信自己能力的人。

在这里，你会明白潜意识在潜能开发中的作用："进去垃圾，出来就是垃圾"。相反地，"进去金子，出来的也是金子"！你的心灵、潜意识的作用模式就是这样的，进去什么，就出来什么。这是我们生活中的常识：你的身上藏有最值钱的钻石，但需要你自己去发现和挖掘。这些钻石就是你的潜力和能力，是你得以在这个世界上创新的最宝贵的动力，足以帮助你实现最伟大的理想。你要做到的就是将它们完全开发出来，并为此付出不懈的努力。

团队的成长与个人体现

对于创新来说，个人的创新永远比不上团队的成长。这就意味着，如果你正领导一个团队，你的使命是去打造 个明星团队，而不只是让自己成为一个明星级别的领导人。这恰好是许多公司的弱点，一些企业，往往是领导者成长最快、能力最强、星光闪烁，但是他带领的团队缺乏成长。

如果你觉得这正是领导者的魅力所在，那么你就走错了方向。一个团队若是仅凭一人之力，永远都做不大，他的团队才是成长的过程中必须突破的"瓶颈"。假如领导者不能适时应变，不断创新，他的公司要想成为百年企业，简直就是不可能的。

什么是团队的创新精神？首先作为带头人，你要有学习的能力，也就是吸收好的经验的能力。

在一次酒会上，有七个人，他们分别是美国人、俄国人、英国人、法国人、德国人、意大利人和中国人。这七个人都要宣传自己国家有什么好酒。中国人把茅台拿出来了，酒盖一启，香气扑鼻，在座的各位说了一句：茅台真了不起。俄国人拿出了伏特加，英国人拿出了威士忌，法国人拿出了XO，德国人拿出了黑啤酒，意大利人拿出了红葡萄酒，这几种酒，都很了不起。到了美国人这里，他是怎么做的？他什么都没有，但他找了一个空杯子，把茅台等几种酒都倒了一点儿，晃了晃。这是什么酒？这叫作"鸡尾酒"，一下超过所有人的酒，成为当晚的第一名。没人见过这种酒，大家只好鼓掌称赞。

综合别人的优势为自己所用，这是团队创新的第一步。**你如果能综合别人的优势，你就是王者。把好的东西拼起来，变成自己的东西，你就无可超越的，永远都占据第一名，让别人只能模仿你。**

其次，造就一个优秀的富有创新力的团队，并不是要求你去打败所有的对手，而是形成自身独特的竞争优势，建立属于自己的团队文化，推出一种新的机制和模式，让别人去效仿你。

因为一个组织不同于一般的群体，是由不同背景和技巧的人组成的高度沟通的组织。你必须在这里确立共同的使命感和明确的目标，为了实现共同的愿景而展示各自的才能和热情。你需要杜绝个人单打独斗的作风，推行团队协作，利用和集合众人的智慧。

换句话说，为了团队的成长，你的胸怀非常重要。容忍和鼓励下属的创新，并且引导他们的创新，给予他们宽阔的平台，这是管理者的大风度，也是我们所说的大魅力。只有这样，你的团队才会众志成城，聚沙成塔。

最后，作为一个领导级的人物——无论你带领的是一个两三人的小团队，还是一个部门，或者一家大规模的公司，危机感都极为重要。

危机感会促使你去创新，激发内在的活力。微软的总裁比尔·盖茨常讲："微软离破产永远只有180天。"这并非危言耸听，而是优胜劣汰法则的体现。如果不创新，别人就会超过你，甚至吞并你。到那时，你的魅力在哪里？

如果你不能未雨绸缪，你的魅力就是零。个人能力再强，如果团队覆没了，你也没有价值。因为一个人的创新并不难，最困难的是建立并成就一个创新型的团队，做出个人无法完成的事业，达到令人敬仰和尊崇的高度。

形象思维与直觉思维

在本节，我们会讲到对于人的创新来说极为重要的思维基础。通常而言，形象思维、直觉思维与时间逻辑思维，是实现创造性思维的主体——没有人能够跳出这三种思维的范围，即便那些天才级的人物也不例外。

科学家早就发现，人类思维的基本形式只能有两类：一是时间逻辑思维，二是空间结构思维。其中，时间逻辑思维主要是运用概念进行分析、综合、抽象、概括、判断、推理。而空间结构思维则是主要基于空间视觉的表象进行分析。说白了，这种视觉表象又分为两种：一种是反映事物属性的表象，即客体表象；另一种是反映事物之间关系的表象，即关系表象。

以客体表象作为思维材料的称为"形象思维"，主要是运用事物表象进行分析、综合、抽象、概括和联想、想象（再造想象及创造想象）。

以关系表象作为思维材料的称为"直觉思维"，主要是运用关系表象进行整体把握、直观透视和快速综合判断。

从实际的运用和发挥的价值来看，形象思维和直觉思维由于具有整体性、跳跃性（而不是像逻辑思维那样具有直线性、顺序性）的特点，所以往往比逻辑思维更适合探索和创新的需求。因此，你就会明白，为什么一些创意产业的公司在招聘时，更喜欢招纳一些形象思维和直觉思维较强的人才。因为在创造性活动中关键性的突破工作，也就是灵感或顿悟的形成，只能靠形象思维（尤其是创造想象）或直觉思维的能力来完成。

也就是说，如果你需要培养自己的创新能力，就要重点提升自己在这两方面的能力。这是你前进的方向，也是你需要对自己的事业关注的重点。

○ 灵感和顿悟的产生：奇妙想象的作用

20 世纪初，美国的泰勒、贝克以及德国的魏格纳等地质学家在观看世界地图的过程中，都发现了一个奇怪的现象：南美洲大陆的轮廓和非洲大陆的轮廓是如此契合，完全可以拼接到一起。于是他们产生一种奇妙的想象：在若干年以前，这两块大陆原本是一个整体，后来只是由于地壳运动，才逐渐分裂开来。

"这是可能的吗？会不会只是我们的假想？"如果你身处其中，你可能会这样想。但是魏格纳依据这种想象的指引，进行了大量的地质考察和古生物化石的研究，最后以古气候、古冰川以及大洋两侧的地质构造和岩石成分相吻合等多种论据为支持，提出了在近代地质学上有着极大影响的"大陆漂移说"。到了 20 世纪 50 年代，这个学说被英国物理学家的地磁测量结果所证实。

○ 对直觉思维的说明和运用

我曾听到一种流行的说法，"直觉是第六感觉"。什么是第六感觉呢？就是一种说不清楚和莫名其妙的感觉，类似于玄术或科学无法解释的东西。也就是说，"直觉"在许多人看来似乎只是一种凭空而来的毫无根据的主观臆断。但事实完全不是这样的，如果你不相信这样的"直觉"，你可能会付出代价并且走很多弯路。

事实上，直觉思维是人类另一种极为重要的基本思维形式。它与形象思维、时间逻辑思维三者并列，而且缺一不可——它并非所谓的第六感觉，而是具备理性和富有逻辑的特点。换言之，它是我们完全可以掌握的一种能力。

1. 整体的把握：这是从整体和全局去把握事情，从大处着眼的思维。

2. 直观透视与空间的整合：这要求你对事物之间的关系要有一个整体的

把握，不需要去考虑每一个事物的具体属性，这不是直觉思维要做的事情。如果要做到这一点，你就需要运用"直观透视"和"空间整合"的方法，而不是依靠严密的逻辑分析与大脑的综合计算。你要形成这样的习惯并强化此能力。

3. 快速而精确的判断：你需要在瞬间就对空间结构关系做出一种精确的判断，当然你可以依靠经验、天赋或其他因素来做到这一点。它是一种快速的、跳跃的三维立体思维。与此相反，逻辑思维则是在一维时间轴上线性和顺序的慢节奏思维。这是两者的不同，但未必没有联系，因为前者需要后者的思考经验作为支持。

总体来说，直觉思维在本质上是对于事物之间关系（即内在联系）的整体把握，它虽然是在瞬间做出快速判断，但并非凭空而来的毫无根据的主观臆断，而是建立在丰富的实践经验和深厚的知识积累基础之上的。一般来说，你的经验越丰富，知识的积累越深厚，你的直觉判断也就越正确。

○创造性的思维需要逻辑能力的支持

只是依靠形象思维和直觉思维，你会发现一切创造性的活动都不可能完成。我们发现，时间逻辑思维的加工特点是直线性和顺序性的，这在前面我们已经讲到，它只能沿着一维时间轴，依据原有的知识概念一步步进行慢节奏的逻辑分析、推理，由此得出一个结论，而不可能实现思维过程的跳跃或突变。这是逻辑思维的特点，因而它本身不大可能如同形象思维与直觉思维那样，直接快速地形成一种灵感或顿悟。

可是，逻辑思维又是创造性思维过程中一个不可缺少的要素。这是因为，无论是形象思维还是直觉思维，最终创造性目标的实现，都离不开逻辑思维的指引作用，以及它提供的经验和分析，包括在其中起到调节与控制的作用。

创新与改变

只有创新者可以改变世界，平凡者只能随世界而改变。请看一下那些在世界范围内富有影响力的团队和企业家给出的建议，以及他们如何运用创新改变了自己的命运，并在此过程中展示了自己的巨大影响力。

○ Facebook 的成功：关注人而不是电脑

Facebook（脸谱）因为其独特的技术和商业模式的创新，几乎在最近几年赢得了全世界。当有人问它的平台营销总监米蒂克这是什么原因时，他给出的答案出乎大多数人的意料。他认为，Facebook 从根本上改变了人们在互联网上的工作模式，而不是基于平台技术的改进才获得了市场。在他看来，创新的关键节点早就不是计算机了，而是人。这是伟大的创新，也是其遥遥领先的秘诀所在。他们的首要目标，就是让网页的传输从技术存在到人与社会的存在。

这是他说的话："我们已有了 7.5 亿用户，70% 的用户在美国之外。我们关注普通人的需求，全世界将近有十亿人相互连在一起，我们认为没人比我们还理解这意味着什么。"这是无可匹敌的改变。

○ Kinect：真正的成功是建立一个志在改变世界的优秀团队

怎样运用创新的方法将一种普通产品做到拥有顶级市场？你可能觉得这很难，但微软的 Kinect 小组会告诉你这很容易。他们在产品的协作方面获得了重大突破，这并非靠宣传推广，而是依靠自身强大的吸引力，找到了一个顶级的团队。

建立这个团队，他们没有使用传统的招聘手段。这些人都不是通过招聘来的，他们来自微软的七个团队。是什么吸引了他们？是他们看到了自己想做的东西，马上主动加入，并且热情地工作，即使每天加班到深夜也没有怨言。

现在我问你，你所领导的团队具有这样的吸引力吗？我想，这是最不可抵抗的创新，也是最为惊人的成功。你会从中体会到什么叫作"魅力"。如果你的团队让人一看就想加入，积极地过来向你询问："我能进来帮点儿什么忙吗？"假如你做到了这一步，我想，你已经拥有了这个世界上最有价值的魅力。

总之，如果你想改变世界，你就要有这样的头脑和勇气。

○Elon Musk：创新的成功标志是"我的想法要足够疯狂"

如果你不是一个天才，你就要成为一个疯子。Elon Musk 在政府已经认为空间探索计划不太可能的情况下仍然涉足空间项目。这是一次危险的尝试，非常冒险，但他成功了。他成立了 SpaceX，并准备了一系列与国际空间站接轨的方案，这会是首个与空间站对接的商业任务，而且该公司也正在打造全世界最大的火箭。

虽然初期让人担忧，甚至是恐惧——大家都认为他死定了，肯定会失败，因为他的对手不仅有波音公司、美国政府，还有欧洲和俄罗斯。可是 Musk 坚持下来并获得了突破，他现在的三家公司拥有超过五千人的员工，而且业务仍在迅速增长。

他说："你是否雄心勃勃？请记住，没有什么不可能，只有你没想到。"

CHAPTER 10
走出平庸的困局

你可能不会拥有一家资产过亿的公司，但可以拥有一个自信的梦想，从而成就自己的高品质生活。

"我是谁，我为什么不行？"

每一个失败者都要明白是什么导致了现在的一切？你要解决问题，就得找到问题的本质所在。

你不要害怕在镜子里看到自己的丑陋与缺陷。

你不要因为现状艰难，就武断地认定自己不行。

你也不要在尝试了几次之后就垂头丧气，放弃努力。

在这个世界上，人与人之间的竞争结果，并不完全取决于智力高低，背景和关系网，在于谁能自信地说出"我可以"。自信的力量远比你手中握着的底牌更有用。

通过大量的调查和采访发现，许多人的苦恼其实并不是出于重大失败，而是经常来源于一些小问题。比如，一个人的求职邮件没有被告知原因就被无情地拒绝了，于是他大感自卑，没有信心再给别的公司投递简历。当你去询问他的求职状况时，他会愁苦地对你说："啊，我没有能力得到一份工作。"

他的心理定位出了很大问题，内心只希望得到一个回复——哪怕是拒绝。他觉得只要有一个回复，那就很幸运了，除此之外别无所求。这样的小挫折让他提不起精神，看到的是一片黑暗——仿佛前途没了。这样的事情一般会让他懊恼好几天，毫无进取之心。

下面这些情况，都可以称之为让人做出消极判定的"糟糕"的状态：

1．前途迷茫，到处碰壁，残酷的现实。

2．机会很少，甚至没有机会，机会全让别人拿走了，规则不公平，处处不公。

3．形象很差，让人嫌弃，被人看不起。

4．人缘太差，交不到有价值的朋友。

5．做事时困难重重，工作总是处处受限，总有人跟自己过不去，领导和同事与自己的关系不佳，且很难改善。

综上种种，即便遇到一样就已经令你头痛了，有的人可是全部都占齐了。比如凯奇是我在美国的一位同事，是一个有趣的人。我们做了两年半的同事，他曾经是一个热情高涨的人，总能让你感觉到他的活力。他在办公室内是受大家欢迎的活宝，因为他善于制造笑点，跟同事的关系无比和谐，看上去前途无量。

但是他的激情没能保持太久，突发的两件事改变了他的状态，一蹶不振，从此陷入人生的低谷。

老板一次无心的责骂，让他没了自信。

客户一次无理的退货，让他感到工作处处都是礁石，真是举步维艰，难以前行。

他就像从天堂跌到了地狱，当我请他吃饭，想跟他谈谈这些事时，他皱着眉头说："我的生活从此没有了希望。"我理解他的想法，因为他当时正面临结婚，需要一大笔钱。他亟须在工作上表现出色，获得公司当年度的一笔巨额奖金。因此他接受不了这两桩小小的意外，巨大的心理落差让他做出了"自己不行"的误判。

正像许多人遭遇变局时想的那样："我是不是一无是处？"

凯奇的处境可谓糟糕，他一直等到两周后的部门会议后才算缓解了压力。老板宣布了一项任命，给予他更好的职位，并且做出了奖励的决定。凯奇这时才发现，原来自己前一段时间的想法只是一些错觉。

"我一切安好，工作顺利，生活幸福。我差点儿因为冲动将自己毁掉了。"

如果你也曾经一度失去自信，认为自己一无是处，我建议你一定要冷静思考。当自卑和挫折的阴影笼罩你时，停下来想一想自己的现实情况，并和别人做出客观对比，是此时最需要做的事情。

每个人活着都需要自信，你应该去挖掘自己这种心理落差的根源：我为什么会这么想，出于什么原因？当你找到了真实的原因，就等于找到了打开幸福之门的钥匙，也就可以重新燃起自信的火把，去照亮别人，同时改善自己的形象。

我在美国的另一位朋友，拥有一家资产过亿的公司。在经营的过程中，并不是很顺利，但每次都能起死回生。

他最喜欢说的一句话就是："我为什么不行？"在困难面前，他首先询问自己，"我有哪些弱点？为什么我会做不好？"他深刻地剖析自己的弱势与强势，最终在理性的对比和反省中发现自己的强项，并且强化自信去跟对手竞争。

一个人始终要让自己信心十足，才能从容应对各种考验。自信成就你的梦想，同时也会撑起你的人格魅力。**你可能不会拥有一家资产过亿的公司，但可以拥有一个自信的梦想，从而成就自己的高品质生活。**

书呆子和行动家

有个毕业于哈佛商学院的中国学生马上要回国了，临行前，他向我请教，"应该如何学以致用"。在美国读书的几年时间，他几次到我的公司探访，参加魅力讲座，并且在我的介绍下，到华尔街的一家投行临时工作过一段时间。

我对他的忠告就只有一句话："就算你的大脑装满了人类有史以来的全部知识，也不要做一个书呆子！"

只有敢于创新和勇于实践的实干家才会令人尊敬。一个人所能产生的影响力和令人尊重的风度都来自他的行动，而不是他的嘴巴。如果你只能纸上谈兵，回国后在微博上卖弄学识，那么你只能成为一名毫无用处的空谈家。

一般来说，"书呆子"的典型表现有下面几种：

① 他们以某种观念和行为准则作为自己的模仿对象，基本原样不动地照搬照抄，从不怀疑——甚至在他的脑海中没有"质疑"思维的容身之处。显得自己与众不同，先进超前，但实际上天真幼稚，与现实完全脱节。

② 他会有自己的崇拜对象，比如某位超级成功的金融家、企业家，或者某位理论大师。在这种原则的指导下，他反对一切与此相悖的现象和人，违反他崇拜对象的一切行为和理论都是错误的。他当然也会勇敢地行动，但只是他所推崇的人或理论的影子和奴仆，他是一个基于崇拜的追随者，永远走不出"大师"和"前辈"的影子。

③ 反映在判断力上，他常把自己从新闻或报刊中看到的个别事件当作普遍现象，信以为真，并从中"总结"出所谓的真理或规律，然后到处"宣扬"，而不考虑现实中与此相反的大多数情况。

④ 书呆子从不屑于恭维别人，认为这是溜须拍马的行为。他的原则是能力制胜，而且他确实读过许多书，不管哪个行业，都是当之无愧的学院派，有着硕士或博士的大帽子，且引以为傲。事实是，他们行事偏激，思维跟不上现实的发展，且从不反省自身。

⑤ 他们觉得金钱一点儿也不重要，但他们内心深处又羡慕有钱人的生活。由此构成了他们矛盾的两面，所以他们总是想不通："为什么他这么有钱，而我却没有？""为什么他成功了，我却成功不了？"带着这样的痛苦，他们一边不满自己的糟糕现状，一边又将责任推给那些"成功的人"。所以，你从他们的嘴里，会经常听到抱怨。当怨气充满全身时，他们的魅力值就会大幅度下降，不但得不到别人的尊重，反而招致更多鄙夷的目光。

⑥ 他们最大的弱点是人际关系，很少交到真正的朋友。有的人夸夸其谈，好表现自己；有的人则沉默不语，孤芳自赏；还有些人会在背后议论别人的不是；至于最令人讨厌的那一类——他们喜欢抱怨上司，议论同事，抨击时政，从不想改正自己的缺点，真正地适应外面的现实社会。

⑦ 书呆子最新形式的表现：他们迷恋上了网络。因为网络并不涉及金钱和复杂的人际关系，对他们大脑的承受能力来说正好匹配。他们喜欢泡在网上，无论说什么都可以随心所欲，就像在一个大舞台上演讲，指点世界，纵横各个领域。可是，当你让他们做出实际行动时，不会得到一点儿真诚的回应。

我所知道的这个世界上最棒的行动家们，没有一个人会把大量时间消耗在上述的七种"表征"中。**理论的学习和贯彻对于改变命运和建立自己的事业当然有着重要的作用，但最好是参考理论、看重实践，而不仅仅是迷恋知识。**

巴菲特的成功一直是人们津津乐道的，在哈佛商学院，他的故事甚至成为课堂上的经典教材，经常被拿来作为重要的案例进行分析。他是理论联系实际的行动家，如果你了解他的历史，就会清楚地发现这一点。我们知道，巴菲特的理论导师本杰明·格雷厄姆创立了一套"价值第一"的完整投资理论体系，这一理论告诉人们如何聪明而坚定地选择投资对象。他还提出了著名的"安全边际"理论，告诉人们如何规避投资风险。本杰明最重要的也最难能可贵的则是他的行动能力——他不仅是投资理论权威，更是一位成功的投资实践家。

本杰明年轻时，在一家经纪所是一名普通的股价统计员。不久后，他即以自己的才华成为经纪所的合伙人之一。后来，他成立了格雷厄姆—纽曼投资公司，开始了他伟大的投资历程。他因投资屡获成功而成为美国巨富，并被誉为"华尔街的教父"。当一个人既能拥有伟大的理论而又可以在实际的行动中获得成功时，他就会成为伟人的偶像——即使后世同样优秀的人物，也会视他为导师，并因为他的榜样力量而从中受益无穷。

所以，巴菲特对本杰明心悦诚服，视之为自己的榜样和目标。巴菲特结束大学学业后，就跑到格雷厄姆的公司打工，希望能够继续向他学习经验。

只有擅长实战才会成为大师，也只有成为合格的行动家，才会真正具备使人折服的魅力。费雪与本杰明一样，"征服"巴菲特的地方同样在于他的实践能力。他提出了著名的"葡萄藤理论"，还亲自进行投资运作并且大获成功。巴菲特也经常提到他的经验，谦虚地将自己的成功归结为这两位老师的指引。

拜优秀的实践家为师并让自己成为行动的高手，这便是我的忠告。务虚者从来都不会品尝到登临绝顶的快乐，只有嘴皮功夫的"空头理论家"也许在他一生的时间内都拥有说话的自由，留下无数的观点（假如他的观点能够留存于世的话），但可能从没真正踏出一步。

请警惕自己信口开河的倾向，每个人都会有这种冲动。随便说点儿什么，宣布自己华丽的计划，但当需要付诸实践时，你就找不到他的影子了。小心说话，大胆做事，只有这样，才能摆脱一事无成的困境。

怎样敲开紧闭的门

我们肯定都遭遇过此类情境:"我认为自己失去了接受新信息的能力,我由衷地对某些新生事物感到恐惧、讨厌、排斥,对它们我有一万种感觉,唯独没有欢迎和接受。"由此导致的封闭和困惑、落伍和滞后,唯一的解决办法不是倾尽全力去打败它们,而是掉转方向,打开自己心灵的大门,释放完全的自我去接纳与学习。这与我们在人际交往中主动地表示坦诚与宽容的勇气同样重要。

每个人的内心都有两扇大门:一是内在的门,它是对内的,通往能量之库;一是外在的门,它是对外的,通向外面无限的世界。你需要搭建一座联结内外的桥梁,并且找到这两扇门的钥匙。

艾迪尔森是一名孤独症患者。当我知道他时,至少他的简介表格上是这么写的:交友失败,工作不顺利,拒绝跟外界交往。他的父亲在家中接待了我,和在电话中述说的一样,艾迪尔森紧闭房门,不想跟我见面。

通过他父亲的叙述,我了解了他的经历。一系列变故使他对自己极为失望,同时也对现实极度灰心。他看不到情况有改善的可能,就像许多人遇到连续挫折时会采取的态度一样——我们面临危机时经常是关闭大门,而不是勇往直前。只不过艾迪尔森走向了负面反应的极端,他竟将自己的心灵封闭达十年之久，没有对外发过一封邮件、打过一次电话。

"我是他的父亲，但我也快忘记，世界上竟还有这号人存在。"他的父亲不无自嘲地说。

我轻步走到房门前，听了听屋内的声音。里面安静得就像没有人存在，他好像睡着了，但我确信，他在屏息倾听屋外的每一点儿动静。这是孤独症患者的典型表现，对外界虽然非常反感，但又极为敏感。他只是对自己产生了严重的不自信，在潜意识中，为了不让自己继续这种失望的表现，便下达了关闭心扉的命令。

我说："嘿，艾迪，请问你在做什么？我很感兴趣。"我没有直截了当地希望与他谈一谈，这种开门见山的"命令"一定会引起他的反感。我采取了另一种方式，向他表达了我对他的兴趣，让他知道，我很关注他。他的亲人和朋友同我一样，都对他抱有高度的关注，希望了解他的情况，希望和他一起进餐、打球，乃至共事。

过了有三分钟的时间，他在屋内终于答话了："你是谁？我在想，要不要给你开门。"艾迪尔森的回答让他的父亲泪流满面，因为这是十年来自己的儿子为数不多的几句话。

你也许认为这是奇迹——十年的时间里这个小伙子谁也不理，只是一句话就让他做出了要不要打开房门的思考，难道不是一场神奇的拜访吗？我想说的是，这与奇迹无关，而是我洞悉了他的心里在想什么，以及他内心的需求。

他渴望得到关注，并且打开自己的心门，只不过他周围的人在给予热情关注的同时，不懂得尊重他的感受——艾迪尔森希望有人理解他做的事情，这是我在他的经历中读到的：他怀着最大的善意帮助朋友，却被最好的朋友误解，两个人成了敌人；他在工作中兢兢业业，制订了一份完美的营销计划，却被自己粗心的上司在心情不好的时候随手丢进了纸篓儿。当他认为没有人愿意理解他时，他就关闭了与外界交流的大门。

敲开紧闭的房门就是如此简单，我们对自己的调整更是应该遵循一条积极乐观的路线。只要你能打开自己的心扉，就能触摸和拥抱本真，抵达自我，将内心的热情释放出来。

我们内心的门有许多道。艾迪尔森的问题未必就是你所遇到的情况，你可能由于一次交际的受挫，产生了暂时的自卑，不敢再用同一种方式去结识你特别想认识的朋友、客户或偶像。还有的人则是出于其他原因，他们关闭心扉的理由也许是自己对这个世界失望透了，奋斗了许多年的结果只是让自己一次又一次地受伤。

我们通常会在网络上或其他不同的场合听到这样的抱怨：

"我不想再尝试了，努力对我来说没有半分价值，因为这个环境糟透了！"于是，不再想着去改变环境，增强自己的能量，而是"熄火"回营，缩回"龟壳"，将表现的舞台让给那些有着雄心壮志和坚忍意志的人。

"我对感情不再抱有幻想，天下所有的女人（男人）都是骗子，真心对你的人是没有的，除非世界末日！"一个不再相信爱情的人是如此灰心丧气，于是他就成了真正的颓废主义者。当他遇到缘分再次降临时，在对方眼中，他就是一个悲观的不值得信任的人。那时候他还是会失望，但这又能怪谁呢？

令人失望的原因总是不同的，就像形式各异的房子有着构造和数量均不相同的大门。要解决问题，需要你掌握全部的钥匙，穿过所有的大门。但是，当你打开了一道至关重要的门之后，其他门也许就会应声而开。一切看起来很复杂，其实非常简单。

找回勇气的三个途径

"勇气"是魅力的"车轮",如同冒险家的翅膀一样重要。一个人的魅力有时候并不是出于他能做什么,而是他敢于做什么。当你丢掉勇气的时候,你会发现所有的机遇和人缘都会向你关闭通道。只是转眼的工夫,你就掉进了深不见底的冰窖,人们前一秒还在歌颂你的伟岸,现在就已经开始收回他们的赞词,转身离你而去。

我在凯雷公司的时候听说了这样一个故事。

有位叫蒙特的剧本制作人。他刚出道时一无所有,身上只有两百美元,怀着巨大的热情和对于剧本的热爱,投身这个行业。他很穷,但是有位朋友慷慨解囊,支持他。

但是有一天,蒙特突然觉得一切都没有意义,他不敢再冒险,生怕到死也看不到成功的希望。所以他对自己的朋友说:"我不想再继续下去了,我害怕破产,那实在是不可想象的灾难。你看,我的孩子刚一岁多,母亲身体也不好,万一我变成了穷光蛋,他们可怎么办?"

当他说完这番话后,他就失去了这位无私资助他好几年的朋友。从此以后,他的朋友中断了给予他的资金支持。理由只有一个,蒙特失去了前进的动力和解决问题的勇气,既让人看不到他成功的希望,也使人对他走出困境的可能性产生了怀疑。

一个人在困境中若想找回勇气，需要通过三个途径：

1.清醒地面对现实

如果你认为现在自己很糟糕，请一定要冷静地分析失败或自卑的原因，然后明确一件事情：这次的失败只是个例、特例，是一次偶然现象，而不是必然会发生在自己身上的，因为自己向来都很出色。

2.建立自信的前提是发现自己的优势

明确自己的特长和那些没有发挥出来的优点，然后重新组织它们，为它们注入新的力量和勇气，确定下一步的计划和目标，挽回损失。

3.确立责任感

反复地询问自己，我为什么必须有勇气？当你不确定为什么战斗的时候，就有必要灌输和形成自己的责任感，使自己勇往直前，不在困难面前表现出丝毫怯懦。

当我们通过这三个步骤找回勇气之后，我们将开始最后一步的心灵自我暗示——自我激励。这将给予你活力和干劲，同时自我激励也是勇气的发射器，它能帮助我们将内在的勇气全部释放出来，增强能量的辐射，使事情事半功倍。

对于个人而言，成功的自我激励可以使一个人奋发图强，在迷失的沙漠中重拾勇气；对于一家公司、一个部门或一个团队来说，这种良性的自我激励能促进团队的进步，实现更好的配合，并创造更大的价值。

成功自我激励的方式

有许多激励的方式，但是未必随手拿起一种办法就适合你的现状。激励也要有限度，讲究因地制宜和追求最好的效果。现在，给你提供几种自我激励的方法和需要注意的原则，以供参考。

○ 限定式的激励

人人都喜欢充满干劲的激励，比如有的人告诉我："我想成为新的罗杰斯！"我说："好啊，你准备分几步实现呢？"他顿时没有了答案。激励是一种释放勇气的过程，但是任何人都不能好高骛远，而要脚踏实地，抓住切实可行的目标。因为目标如果定得太高，起初虽会信心倍增，但经过一段时间后由于看不到实现的可能性，一定会影响到自身的积极性，使自我激励适得其反。

○ 目的式的激励

没有具体的目的或目标，做事情就会产生盲目性，也就没有前进的方向。为了避免有可能的盲目和精力分散，有必要在前进的时候先确定目的，然后集中精力去把它做好。只有这样，你的勇气才有发挥的舞台。

○ 鼓励式的激励

遇到困难是难免的，重要的是如何使自己在暂时的挫折面前不失去自信。鼓励式激励的作用在于，每当你的计划完成得不好、垂头丧气甚至要放弃努力时，就要适度地对自己已经取得的成绩加以肯定，激发斗志和树立信心，从容而自信地面对后面的挑战，不至于半途而废。

○ 约束式的激励

多数人的激励有时候只限于一句空话，说过就算了。如果不能落实到具体的行动上，再好的激励也将成为泡影，失去它应有的效果。如果你要使自己的努力可以一步一个脚印，收到长期的回报，就要注意约束自己的行为。比如，每当想偷懒或放弃的时候，给自己制订惩罚的措施，并且明确有哪些事情是不能做的，确定原则之后严格执行，这才是使激励更为长久的根本性的方法。

如果你有梦想，为什么不去追求？

你要有规划，有梦想，而且要有富于可行性的追求。这对你摆脱困境极有帮助。我们甚至可以说，一个富有梦想的人总会遇到或多或少的挫折，这无法避免。重要的是，他必须继续执着于自己的梦想，并且勇于去追求。

在一次论坛上，有位叫格林的年轻人对我说："苏先生，我马上就要从普林斯顿大学毕业了。我已经二十四岁了，可我发现自己的人生没什么希望，我心乱如麻，不知道要干什么，也不知道怎么做，难道我要拿着普林斯顿大学的毕业证书过一辈子吗？"

格林遇的问题具有很大的普遍性，许多人都有此困惑。他们迫切地想做点儿什么，但是没有目标。他们不清楚自己的梦想是什么，也不知道应该如何去做。有些人则更为焦虑不安，觉得自己注定一事无成。比如有人说："瞧我这样，谁会愿意跟我合作呢？谁想做我的同事呢？我连一个朋友都没有！就算我想到了什么计划，也没人愿意帮我！"

对自己没有信心，于是也就没有了"梦想"。他们不是不想赢得别人的尊重，建立自己的"魅力"，向周围的世界释放自己的影响力，而是无法清醒地认识自己，也没有迈开双腿前进的动力。

一个人想做点儿事情，跳出人生困局，就必须真切地认识自己，明白自己的长处与短处。

梦想的建立要扬长避短，充分发挥自己的优势才较容易成功。然后，我们才能谈得上去追求梦想和制订理性而有效的计划，并将之付诸行动。

微软的创始人比尔·盖茨曾经告诉那些梦想创业并取得像他一样成功的年轻人："你们不仅需要梦想，更需要坚持不懈地去追求。"他说，这完全没有诀窍可言，如果你有想法，要化不可能为现实，你就必须马上行动。

桑德斯上校是肯德基的创始人，他到了六十五岁高龄的时候才开始创办肯德基——他的梦想产生得如此之晚，但成功又是如此巨大和辉煌。在谈到自己为什么要在六十五岁才开始创业时，他回答说："当时我身无分文，而且孤身一人，只能靠微薄的救济金来维持生活。我的内心十分沮丧，但是我并没有怨天尤人，而是心平气和地问自己：'或许我还能为人们提供什么帮助？'我冥思苦想，终于找到了答案：'我有一份炸鸡的秘方，吃过的人都十分喜欢。如果我把这份炸鸡秘方卖给餐馆，餐馆就会生意兴隆，而我也会有不错的收入。'"

梦想就这样起步了。他不但会想，而且还知道怎样去把它付诸行动。他挨家挨户地敲门，把自己的想法告诉每家餐馆："我有一份很好的炸鸡秘方，如果你们能采用，你们的生意一定会更好，而我希望能从增加的营业额里提成。"一开始当然很难，很多人不仅不理会他的建议，还当面嘲笑他："老家伙，请回家喘口气吧！要是你真有这么好的秘方，你怎么还穿着这么可笑和破旧的衣服呢？"

这些话并没有让桑德斯打退堂鼓，他被拒绝了许多次，终于听到了第一声"同意"。这期间，他驾驶着自己那辆又旧又破的老爷车，足迹遍及美国的每一个角落。他付出了巨大的辛苦，也迎来了无与伦比的成功。

当格林用充满迷茫的眼睛望着我时，我对他的回复很简单。我劝他尽快为自己确立一个目标，比如他在财务专业方面非常擅长，那么，他可以立下去华尔街或大公司的财务部门工作的志向。"你可以去巴菲特的公司，也可以到我这里来，但是仅有梦想不够，你必须有为自己的理想追求到底的决心，并且你要马上行动。你只有不断地付诸行动，方能实现目标。"没错，就是不停地行动，一直到梦想变成现实。

遵守共赢公式

你只有遵守双赢的思维，才能赢得尊重和服从。

这已经是一种普遍的思维，却经常在实际执行中被人们抛诸脑后，从而导致了他们无法摆脱的困局。共赢的公式是什么？我在华盛顿大学讲到这个问题时，列举了一个简单的说明：

1. 价值认同（目标一致）
2. 利益捆绑（利益一致）
3. 情感交流（理解一致）

1+2+3= 共赢与对等

与此相反的是，人们大多在潜意识和实际操作中遵循着"零和游戏原理"：就像对弈，总会有一个赢家，但也注定会有一个输家。他们与自己的合作者有输有赢，一方所赢正是另一方所输，他们之间的总成绩永远是零。

如果你相信了零和原理并且也这样去做，那么我告诉你，你一定是输的一方，最起码你不会一直赢下去。即便你拥有绝佳的运气，总有一天也会突然倒下，然后你将失败的原因归结为运气，而不是你这种错误的"信仰"。

共赢公式追求的是双方或多方都可从一种游戏中获益。你不需要打倒对方，

而他也不追求吃掉你。你们之间和谐共生，一起生存壮大。这其中包含了神奇的生存博弈之道，同时还是双方建立自己的人格魅力以及感召力的最好方式。

我们都要利己，但不一定要建立在"损人"的基础上。通过有效的合作，双方都能够皆大欢喜，实现一个完美的结局。不过，从"零和游戏"走向共赢，要求我们每一个人都要拿出真诚的态度和勇气，杜绝小聪明，不要总想着占便宜，更不能推崇阴谋诡计。每个人都要遵守游戏规则，否则就不可能实现共赢，最终吃亏的还是自己。

庙里有七个和尚，因为香火不旺，人又多，所以庙里的粮食分配很紧张。大家吃不饱喝不好，每天都为分粥而争吵不休。为了能公平地分得食物，他们制定了很多规则。

开始的规则是每人每周轮流分一次粥，结果是只有自己分粥的那天能吃饱肚子，其他人纷纷抱怨。之后规则又改成三个人分粥，四个人作为监督员，结果他们相互指责，不停争吵，粥都凉了也没讨论出个结果。没有办法，他们只好继续调整规则，改为推选一位德高望重的人来分粥。

新规则实行的初期还好，但是时间一长，又产生了特权腐败。有人为了能多分粥，就去巴结讨好那个分粥的人，慢慢地食物又开始分配得不均匀。最后，有人想出了这样一个规则：每个人轮流分粥，但分粥的这个人必须先让别人挑完，自己再去喝剩下的那碗粥。

于是，每个分粥的人都很仔细地把粥分均匀，因为他们清楚，如果粥分得不匀，最少的那碗一定是自己的。这样一来，他们再也没有争论过，每个人分的粥也都一样多。

你一定从这个故事中看到了一种公平规则的力量。这个公平的规则恰好是基于共赢的原则，如果想让所有人都取得好处，也就是达到共赢的境界，你所遵守的规则就必须符合大多数人的利益。

执于一端的人经受了失败，却不喜欢反思自己的错误。就像分粥一样，人们情愿去抢夺最大的一份，然后被人排挤得可能连一口稀粥都喝不到，却还在抱怨环境的黑暗、别人的无礼。其实，当你失意的时候，只要换一换角度，就能想到最佳方案在哪里了。你要懂得分享，而不是独占；你要做一名与大家和谐共处的绅士，而不是想着"杀死"每一名对手。

作为一名规则的制定者——如果你是一位承担重任的领导，或者某个部门的管理者，此公式对你来说就更加重要了。你需要明白，现在已经是一个共赢的社会，若你只想自己多占便宜，让对方多吃亏，那么这样的规则和生存理念是无法长久的。即便你赢了，你也得不到对手的尊重，仍旧是孤家寡人一个。只有互利双赢，大家才会加入你的游戏并且遵守规则，服从你的引导。

符合众人利益的规则是一种无比强大的力量，能够建立并执行这样一种规则，你将拥有使人信服和尊崇的魅力。

不要害怕那个"高高在上"的人

因惧怕而失败，这是我经常看到的情况。人们多数时候不是没有能力跨越障碍，他们不但有这个能力，而且还会做得很好，远远超出自己的预期。但是他们看不到这一点，只要前面出现一堵高度超过了自己计划的墙壁，就会犹豫不前。

计划之外的困难会让人望而生畏，与此同时还有权威的阻挡。如同公众畏惧权威，多数人都情愿服从于某一个领导级的人物，"屈服"在他的魅力之下，而不敢去挑战他。他们宁愿被影响和管理，也不敢超过他。

这个世界，强者越来越强，弱者（特别是精神虚弱的人）只会被淘汰出局。十年前，我的许多朋友人都和我一样怀着美好的梦想，有的希望成为企业家，有的则想当全国最好的老师，还有的人理想当一名畅销书作家。现在十年过去了，当我回头"检查"我们这些人的理想实施情况时，发现了一个大家都经历过的问题——对于强者或权威的挑战。

有位在商界打滚了六七年的朋友，给我发来邮件，告诉了我他的一些想法（失败的经验和教训）。

他说："我印象最深刻的一件事，是我刚入行时，遇到了一位极有人格魅力的领导。他带领我进入 IT 行业，我在他的部门待了三年，一直将他视作自己的恩师，而且他确实是一位非常有能力的领导者。在他的带领下，公司的凝聚力很强，创造了很高的业绩。在他的影响下，我其实很难有自己的想法，也不敢向他挑战，但我又想自己创一番事业，所以最后离开了这家公司，另外找了一家新公司。

"我和他成了直接竞争对手，两家公司针锋相对，争夺一家 B2C 商务网站的巨额合同。很不幸，我几乎没有跟他竞争的勇气，这场战斗还没开始，我就败下阵来。合同让他拿走了，我则颓然而归。老板什么都没说，直接让我走人。到现在为止，这依旧是我心理上过不去的一道坎，我完全没有做好向他挑战的心理准备。对于这件事，我的总结只有一个，强者的魅力的确能够震慑人，让你不敢挑战他；但是，也只有敢于挑战，过了这一关，你自己才能成为真正的强者！"

我们可以再看一个正面的例子。

韩国三星公司的传奇人物李健熙的一生，就是向强者挑战的过程。他刚接手三星的时候，公司已经成为韩国最大的企业之一，在东亚地区已小有名气。不过，当他在美国考察时，发现三星的产品毫无地位。

在美国市场上，三星产品非常廉价，但价格的优势无法吸引顾客，真正让消费者掏腰包的是索尼等世界名牌产品，虽然它们的价格比三星产品高出不少。事实证明，三星公司的产品在大多数国家只是二流产品。于是，他让高级管理人员锁定索尼，并要求每个人购买一件索尼产品，回去反复研究，找出与强者的差距。

最后管理层得出的共识是：三星要想获得突破，就必须展开与索尼等世界名牌公司的较量。害怕只会让自己永远落在后面，挑战才有机会战胜对手。于是，一场没有硝烟的战争开始了，三星与索尼在各个领域展开激烈的竞争，最后终于在电子记忆芯片、手机、显示器、录像机等领域完全超越了对方，取得了业界第一的成绩。

　　挑战高高在上的人，只有勇气是绝对不够的，还要有胆略。我认为，胆略不仅是胆识和韬略的结合，更是体现在你对于全局的战略规划意识和相应的执行能力上。向强者挑战，你还必须具备知耻而后勇的能力。在起跑阶段摔几个跟头并不可怕，你要做的是认识到自己的不足，找到与强者的差距，然后拿出足够的勇气——当然，你不可逞一时之勇，要懂得学习和长期作战，然后打败强者，使自己登上绝顶。

"别着急，总有办法！"

所有事情都有终极解决方案，只不过你还没找到。

如果你能在问题的泥潭中换一个角度，总比坐在原地不动、消极待死的结果要好许多。

也就是说，**当你觉得自己的情况相当糟糕，甚至已经进入死胡同的时候，你要做的不是愤怒、焦虑或绝望，而是让思维去转一个弯，寻找新的方法。**

当有人告诉我他的人生十分灰暗，他已对未来失去兴趣时，我通常用下面这段话回复他："假如你能转过身去，沿着来路重新走一遍，你就不会再感到问题有多么复杂！"

我有一次回国时认识了深圳的一位青年企业家李某。他愁眉苦脸地说，他在浙江和威海各有一家厂，生产工艺品并且出口到日本和韩国，近期还准备开拓美国市场。我说："这很好啊，你为什么不高兴呢？"李某一脸沉重地对我说："我的资金遇到了问题，两家工厂占用了大量现金，公司的账上已没有多少钱了，可如果要开拓美国市场，我还得准备几百万元的资金。"

我问："如果计划不能完成，会有什么后果？"

他的声音顿时低沉下去，答道："我就失去了一个重大机遇，有可能让竞争对手捷足先登。"

　　"一点儿办法都没有吗？"

　　"至少我想不到。"

　　李某是如此低落，我都想不到应该用什么样的方式去安慰和说服他。我想，他实在是太"上进"了，明明大好的前景，却将自己凭空置于一种"不成功就成仁"的绝境。他着急得如同热锅上的蚂蚁，低头向前猛冲，头撞在墙上也不停止，仍然使劲地向前顶撞着，非要将一堵本来可以绕过去的墙顶出一个大洞。

　　当天我跟他没有再继续交流，到了第二天下午，我又在酒店碰到了他。我对他说："你可以换个角度想一想，企业发展到可以开拓新客户、销售一片火热的地步，是你多年来专心经营的回报，这是一件好事！"

　　他歪着头想了想："当然，我感觉我做得还可以。"听得出，他有些得意了。

　　我又说："那么，你觉得当前你遇到的还是问题吗？不是，你的面前不是一片黑暗，而是无限的光明，只不过你需要补充一些动力，比如资金，是吗？"

　　他点点头："您说得没错，可我没有向银行贷款的本钱，我觉得没人愿意借给我这么一大笔钱。"

　　我说："只有借钱这一个办法吗，难道没有别的方法吗？比如，你可以将公司的这笔业务转包出去，寻找一个专业的代理出口商，通过他们的渠道将你的产品出口到美国，然后你只要给他们一些销售分成就可以了。等你有了足够的资金，你再去开拓自己的渠道，这难道不是一种方法吗？"

　　讲到这里，李某恍然大悟，他的感激之情溢于言表。但在我看来，这个方法其实是他自己能够想到的，只不过他被现状所困扰，思考得太多，而且已经被习惯的思维模式绑架了头脑。

　　任何困难都是有办法的，不信，你可以数一数自己这一生经历过的危机，有哪件事最终是没有办法解决的呢？**我们不是败给自己的骄傲，就是败给自己的固执，而与问题的大小无关。**相信我，如果你能保持自己的冷静和自信，不管你的人生遇到多么巨大的难题，一条通天之途就在一个不为人注意的角落，等着你的发现。

有位国王，有很严重的洁癖，因此他最害怕自己的鞋底会沾上泥土。于是他命令大臣，把整个国家的道路用一层布覆盖上。大臣一听，便开始组织人力丈量全国的道路，然后做了一个计算：把全国所有的路都覆盖上布，需要二十万工匠不停地工作五十年，而我们国家的总人口也不过就五十万人。这位大臣心急如焚，急忙向国王痛陈利弊，进言道，弄不好会亡国的，尊敬的国王，您还是停止这个想法吧！

国王当然极为愤怒，宣布将该大臣处死。他又派了另一个大臣来办理此事，结果这个大臣很容易就解决了此事：他用布给国王做了一副鞋套，这样就可以防止国王的鞋底沾上泥土了。他只不过是把自己的思维从路转到了国王的脚上，一个天大的难题便迎刃而解了。

当遇到问题时，有些人急不可耐地开山架桥，拼命掏空整个山脉，最后力气耗尽，也没有穿过去；有些人则不同，他会转个弯——如果我不能穿过去，那么我还可以绕过去，总有一条路可以跨越障碍，成功抵达终点。

思维的灵活程度，其实与一个人的做事能力和处理问题的效率紧密相连。每个人都需要具备一些转弯的思维。**让思维在正确的时候转弯，既是一种大智慧，同时也是一种大魅力，可以让你凭借弱小战胜强大，将失利变为有利，以最小的代价获得最大的成功。**

况且，有些暂时的困难和困境，仅靠时间就可以解决，你需要的只是耐心。有些事情，不一定由你亲自去做。适当的授权和分权能够转移压力，并且建立权威。你要学会调动他人的智慧为你服务，这不仅是魅力的构成要素，还是具体的管理能力的体现。

暗示的结果："我是不平凡的！"

对自己施行积极的自我暗示，能激活你内在的优秀的能量。每个人都富含这种能量，但并非任何一个人都可以找到它，并且成为它的"幸运儿"。暗示的巨大功效在我们处于困境时尤其管用。

在华沙，一群儿童在嬉戏。有一个吉卜赛女巫托起一个小姑娘的手，仔细地看了看说："你将会世界闻名！"后来，她的"预言"果真应验了，因为这小姑娘就是后来的居里夫人，一位影响了人类历史的伟大科学家。

这则故事告诉了我们一个道理："我必定可以成功，因为女巫告诉我，我会成功"的暗示使居里夫人拥有了成功的信念——这样的影响在童年时期更为显著。我们都清楚地知道，小时候受到大人鼓励和肯定的神奇力量。强烈的心理对人的成功尤为重要。

如果你觉得自己现在很平庸，怎么做都不可能成为一名令人敬仰和佩服的人，你认为自己不可能跟"魅力"或"影响力"这样的词语联系在一起，那么请认真品味心理学家马尔兹说过的一段话。

马尔兹说："我们的神经系统是很'笨'的，你用肉眼看到一件喜悦的事，它会做出喜悦的反应；看到忧愁的事，它会做出忧愁的反应。"

也就是说，当你习惯于想象快乐的事，你的神经系统（心灵）便会自动地让你处于一种快乐的状态。反之亦然，悲伤和忧愁都是你的心灵因暗示产生的思维模式。因此，一个擅长给予自己积极暗示的人，会在恰当的时候给心灵输入积极的语言。比如，他会反复地告诉自己："我很棒！在我生活的每一方面，都一天天地变得更美好！""我的心情很愉快。""我虽然现在有所止步，遇到了点儿小小的麻烦，但我最终一定能成功！"在积极暗示的引导下，遇到的问题将成为一种动力，而你内在力量的发挥，也将一直是健康有序的，而且永远呈现向上的轨迹，不会轻易被外界的负面因素影响。

○ 暗示的最佳时间

当我们的头脑处于半清醒的状态时，这时潜意识就向我们的心灵完全敞开大门，你能尽情地给予它积极的暗示。一般来说，最好的时间段是早晨刚睡醒和晚上准备睡觉之前。你可以躺在床上，每次花上几分钟，让身体放松，进行自我心理谈话。你可以对潜意识描述自己的天赋和能力，想象一下自己成功后的景象，同时也可以运用简短的语言给自己积极有力的暗示。

即便情况十分糟糕，你也要在这时告诉自己："没什么，我能行，我的身体很好，会很快康复。"或者你可以总结一天的经历，然后对自己说："今天已经过去了，最糟糕的时刻我都扛过来了，还有什么可怕的呢？明天又是全新的一天，我有的是机会和能力，改变这种情况！"

当你完成了整个过程后，你会感觉到很轻松，第二天你就能以最有活力的姿态重新投入工作，去迎接那些挑战。你会发现它们没有那么困难，只要自己满怀信心，就可以把它们解决掉。

○ 暗示需要你反复运用

不管在何时何地、如何进行这种卓有成效的暗示，你都要考虑到一个必要因素，即你必须反复地思考。正如美国心理学家威廉斯所说："无论你有什么见解、计划、目的，只要你以强烈的信念和期待进行反复的思考，那么它必然就会置于潜意识中，成为你能付诸积极行动的源泉。"

就像美国的一位拳王，在每次回答完记者的提问之后，总是忘不了对自己说一句："I'm the best！"没错，"我是最好的！"他凭这种暗示产生的自信，不断地去迎战下一个对手，并继续取得胜利。可能观众会认为事实也许并非如此，但又有什么关系？至少他能够借此使自己变得更加优秀。或许有一天，他也会失败地倒在台上，被对手击倒。但真实的情况是，如果没有持续长久的自我鼓励，也许他早在三年前甚至十年前就已经被打倒，不得不接受退出拳坛的命运了。

在命运的紧要关头，只有把握住了积极的心理暗示，我们才能成为自己生命的主人，并产生一个较为积极的结果。

你是你自己的"上帝"

在本书即将结束时，我们会谈到一个根本性的问题。我们已经通过全书的介绍，知道了一个基本的原则，即一个人的魅力，究其本源是自我内在的决定力和向外在释放出的影响力、引导力和领导力的综合体现。魅力的形成并不来源于任何外界的人或物，而是你自己的内心。我们在漫长的人生长河中，总是不自觉地将命运交付给那些看似主宰着幸福的事物，事实上，只有你自己才是决定你人生幸福的主导。你能创造一切奇迹，也能毁掉所有美好的可能性，这完全取决于你心中的巨大的随时都可能释放的能量。

○"我"自己决定了我的命运，而不是其他任何人。

○我们不可能不受别人的帮助，因为不是所有的事情都能够靠自己的能力去完成。但是接受别人帮助的同时，我们也必须发挥自己的主观能动性，不能一味地依赖他人。完全依赖别人的人，通常与我们讲到的魅力是绝缘的，他不会拥有这种感召他人的力量。

○只有你自己的双脚走出来的，才是属于自己的路，也只有靠自己才能建立自己的"王国"。对这一点，你要坚信不疑。

○那些但凡在某一方面取得了成功的人，都是通过自己辛勤劳动、不懈努力，取得最终的辉煌。他们或是成为商界的领导、出色的演说家，或是某个团队受人敬仰的领导者。他们的自身能力始终遵循着一条健康有序的轨道在成长，而不像那些找不到方向的人，随着年龄的增加，能力和魅力在逐渐退化。

　○如果你企盼成功——相信这是多数人的人生梦想，那么你必须信任自己的双脚；你对于自己的热情和智慧必须无条件信任。你要知道并且铭记一条真理：耕耘多的人总能有较多的收获。

　○在自己的人生中，你可以将理想与目标细化为某一件具体的事情，某一个需要你有所表现的舞台。不管你正在或将要做什么，你都要学会主动出击。没错，你要做一个主动出击的猎人，这会让你始终满怀勇气，在竞争中占据优势。

　当我离开新加坡到美国时，麦肯给我讲了一则故事。也许这个故事在今天听起来已经老生常谈了——许多人都听过这个故事，但是真把它记在心里的人并不多。

　有一个穷人在为农场主搬东西的时候，失手打碎了一只花瓶。这对他来说是很重大的事情，这只花瓶可是一件价值连城的古董，他哪儿有这么多钱呢？他没办法，只好去教堂向神父讨一个主意。

　神父听完了穷人的叙述，就对他说："我听说有一种技术，能将破碎的花瓶粘起来。你不如去学这种技术，只要将农场主的花瓶粘得完好如初，不就可以了吗？"听起来是一个好主意，但在穷人看来，这太缺乏可行性了。他听了直摇头，说："唉，哪里会有这种神奇的技术？将一只破花瓶再黏回原样，我认为这是不可能的。"神父说："这样吧，教堂的后面有面石壁，上帝就待在那里，只要你对着石壁大声说话，上帝就会回答你。你不如去问问上帝，看看这个方法能否奏效。"

　穷人只好走到石壁前，毫无信心地说："上帝呀，神父说，我能将一只破花瓶粘得像没破时一样，可我觉得这是不可能的。"他的话音未落，上帝就马上回答了："是的，这是不可能的。"

　穷人很失望，不，他简直是绝望了，流着眼泪离开了。他赔不起农场主的古董，只想一死了之。神父听说了，赶紧找到他，劝他放弃轻生的念头，再去求一求上帝。穷人叹着气说："上帝不是已经说了吗，这是不可能的。"神父说："那是你对自己没有信心。所以上帝对你也没有信心。只要你对自己有信心，上帝就会对你有信心，然后才会帮助你。"

于是，穷人再次来到石壁前，鼓起了极大的勇气，对着石壁说："上帝啊，请你帮助我，只要你能帮助我，我相信我一定能将花瓶粘好。"话音刚落，上帝就回答了他："是的，你能将花瓶粘好。"

穷人顿时喜极而泣，想不到上帝真的答应了他。他立马变得信心百倍，辞别了神父，去学习这种粘花瓶的技术。半年后，他通过不懈地努力，终于掌握了本领，将那只破花瓶恢复原状，还给了农场主。

然后呢？他声名大噪，成为粘补破古董的专家，不但广受尊敬，而且靠此一技之长挣了钱，成为一名富翁。他的成就是上帝的帮助吗？看起来是的。但当他去感谢上帝时，神父笑着告诉他："先生，您看，这只是一面普通的石壁，根本没有上帝。你听到的上帝的回答，只是你自己的回音。"

麦肯总结说："你，就是你自己的上帝！你的命运就掌握在自己手里！一个人对自己失去信心时，命运就会抛弃他，他的人生就会一片绝望，他的光芒就会暗淡和熄灭；当他对自己充满信心，并有强大的意志力决定自己的命运时，他的人生就会阳光灿烂，斗志昂扬。命运回报给他的，必然是强大的感召力和成功的喜悦。"

我们就是自己心中的上帝，没有谁可以主宰我们内在的"自我"。

魅力提升手册：
30天让你与众不同

■ "魅力"提升训练的三个原则

1、合理的自我定位

将自己放在合适的位置和场景之中，明确自我定位，我们才能知道需要提升哪方面的能力，应该如何提升。

2、激发学习力和挖掘潜能相结合

制定理性的策略，既要打开心灵的学习之门，又要积极地挖掘自己的潜能，我们才能知道到哪里去获取能量，以及怎样理性获取。

3、培育自省和反思的习惯

洞悉和反思内在的心智情感，丰富自己的心智与知识结构，我们才能知道如何取舍，扬长避短。

■微笑训练

目标：养成富有内涵的微笑，表达善意和真诚。

口号：笑对自己，笑对他人，笑对生活。

方法：

（1）制造和诱导：制造和联系一些有趣的笑料，或通过某些合适的动作引发对方和自己的笑容。这种办法适用于朋友、同事和亲人之间，目的并不在于微笑本身，而是调和气氛，并使自己成为这种轻松氛围的主导者。

（2）回忆体验：通过回忆和朋友、同事曾经的往事，以及幻想自己将要经历的美好事情，引发微笑，愉悦身心。这将帮助你认识到生活的美好，从而保持乐观。

（3）笑容的对照训练：对着镜子练习最适合和最美的微笑，以使笑容更富感染力。

（4）佯笑和加强训练：如果你的烦恼太多，你可以制定计划，迫使自己必须忘却某些忧虑，然后假装微笑。这个训练需要长时间进行，重复的次数越多，产生的效果就越好。

（5）大笑训练：适当让自己大笑几次，但要注意场合。大笑可以释放内心的心灵垃圾，将积存在脑海深处的压力排泄出去，轻装上阵。

步骤：

（1）基本功的训练：

A. 为自己准备一面小镜子，准备固定的时间，定期做脸部的运动。

B. 微笑时，观察自己的眼部运动。

C. 做各种表情训练，活跃脸部的肌肉，让肌肉充满弹性。这个过程中，你要丰富自己的表情，以便充分地表达感情，加强微笑的感染力。

D. 观察和比较自己的哪一种微笑最好，并在生活中多采用这种笑容。

E. 每天早晨起床后和晚上睡觉前，进行反复训练。

F. 每次出门前，给自己做心理暗示：今天真不错，我真的很高兴。就算你正面临一场严重的危机，要将危机抛诸脑后，不去管它们。你要暗示自己：即便愁破了脑袋，它也不会解决的，所以我为什么不高兴一些呢！

（2）创设环境的训练：有必要假设一些场合和情境，让自己根据设定的角色，进行微笑训练，找到不同的场合最适合于自己的笑容，将它强化和固定下来。

（3）微笑社交环境的实战训练：见到朋友、同事和亲人或者商业对手，微笑示意，观察对方的反应。遇见每一个熟人，或者你要打交道的人，都展示自己最满意的微笑。用微笑去化解矛盾，打动别人，塑造乐观和积极的形象。

■眼神训练

目标：有感染力的眼神是魅力的重要组成，我们需要练就有感染力的眼神，并能够用敏锐的眼睛去洞察别人的心理。

口号：我们的灵魂就藏在眼睛里。让亲善的目光和电力十足的眼神成为我们展示魅力的法宝。

方法：

（1）第一步，你要学会察言观色，再来锻炼自己丰富多彩的眼神。

（2）第二步，眼神必须配合眉毛和面部的表情，以便充分地表情达意。

（3）第三步，你要注意眼神礼仪。比如，不能对陌生人长久地盯视，除非你们之间的感情很亲密；眼睛的眨动也不要过快或过慢，因为过快显得你不够成熟，过慢了则显得呆板无神；最后不要轻易地使用白眼、斜眼等表达负面情绪的眼神，就算遇到了特殊情况，也不应如此。

（4）第四步，你要给自己的眼部适当化妆，以突出个性和增加信心为宜，不要浓妆艳抹，只要起到装饰眼神的作用即可。

步骤：

（1）定期眼部操的训练：每天给自己做眼部保健，锻炼眼部肌肉，增加眼部的活力和健康度。

（2）眼神定位训练：不同的场合，需要展示不同的眼神，这里面富含细微的变化。比如，有时你要展现自己积极向上的眼神，有时则要表示怀疑、惊奇、不满和高兴。你需要使自己的眼睛可以顺畅地表达上述不同的含义，清晰无误地将心灵的信息传达给对方。

（3）眼神模仿训练：如果你是一位男性，你可能需要模仿刚强、坚毅、稳重、深沉、锐利、成熟、沧桑、亲切、自然等不同的眼神；如果你是一位女性，你则需要让自己的眼神具备柔和、善良、温顺、敏捷、灵气、秀气、大气、亲切、自然等不同的信息。

（4）观察和实战训练：

A. 在外出购物时，你可以观察服务员的眼神和态度之间的关系，揣摩其中的联系。

B. 在与熟人进行目光交流时，你可以考察眼神是否与自己的感情和想法相吻合，以确定改进策略。

C. 在与陌生人进行眼神交流时，你可以试着去揣摩对方的心理，以观察自己在对方心目中的印象。

D. 在眼神外交的实战中，当你与不同年龄、不同性别、不同职业、不同性格、不同情境的人交流时，你可以大胆地尝试使用不同的眼神，并考察其效果到底如何。

■风度训练

风度训练几乎包含所有的社交礼仪，凡是受过风度训练的人都有信心、也懂得如何给人留下好印象。这取决于我们对常识的灌输和对于参与者自信心的培育。

风度训练的两个要点：

1、自信心的挖掘和强化。

2、社交礼仪的普及和应用训练。

一位来参与提升训练的经理说："我参加工作十几年来，从来没进过高级餐馆，没进行过高消费。但是现在，我到了麻烦，想做成一笔70万元的买卖，我不知道该如何应对，和客户第一次见面，他们就提议去一家非常高档的酒店，我犹豫了，退缩了。于是他们觉得我的实力有限。现在我很后悔，因为没有赚到那笔钱，而且我以后恐怕再也没机会跟他们谈生意了。"

这个结果当然是不幸的，这里面除了他缺少自信，其实也缺乏相当多的应酬礼仪的常识。如果你仔细查看和调阅相关的案例，在很多公司都普遍存在这种情况。有些人失掉重大机会的原因不是他的实力，而是他应对这种局面和掌握这种交易的信心及对礼仪的熟识程度。

① 一般性的礼仪

在一般性礼仪的训练中，最基本的礼节是学会如何握手，如何进行愉快的闲聊，以及怎样接听电话。对大多数人来说，这当然是很寻常的事情，你会说自己得心应手，但请注意，我们要做的并非只是60分，而是尽量满分，提升这些礼节的"威力"，以增加和彻底改善自己在对方眼中的形象。

许多人并不懂得热情的问候有多重要，比如一些一线的营销经理，他们最常犯的错误便是不去拜访和答谢客户。同时对于一些管理人员来说，对待下属也应该有必要的礼貌，不能粗暴和一昧运用强力威权进行压制，这让你不但无法建立影响力，反而使你失去应有的尊重。

我曾对一位经理说："很多公司内部存在一种错误看法，认为在太忙的时候不必拘礼，只要工作做好就可以了。这种认识大错特错，一名高管在说话时加上'请'和'谢谢'等字眼花不了几秒钟，但却对培养团队精神和展示你的魅力有着相当大的作用，你为什么不这样做呢？"

② 进餐的礼仪

第一位经理因不熟悉高档进餐的礼仪而失去了一桩很好的生意，这实在令人沮丧。不过，令人振奋的是，这种礼仪其实是很容易掌握的。因为有一些硬规则我们能够很快地学会，只要多多实战和用心学习、体会，就能谙熟于心。

懂得了这些规则，将使你在优雅的就餐环境中应付自如，妥善地摆正位置和塑造一个自然有品位的形象，使你和周围的人都感到更加的惬意。

在就餐礼仪的训练中，我们的重点是养成好的细节习惯。比如下面这些重要的细节，都是训练和准备期中非常关键的行为：

1、请客吃饭的顺序和用词，邀请的语气和理由。

2、就餐时间的选择，商业餐和普通聚会的不同礼节，就餐地点的选择。

3、饮酒过多或过少的问题——两个极端或许都足以毁掉一笔大生意。

4、喝酒时什么时候需要在自己的杯子里掺点水？

5、永远要记住自己不是来吃饭的，而是来谈生意的。

6、出发前要先垫一垫肚子，这样保证你到时可以全神贯注于话题，而不是菜肴。

7、言谈和送别的礼仪。

8、结账的学问你必须得懂一点儿，这能保证你每次都体现出热情，让对方满意。

如上的诸多细节，如果你深感知识缺乏，有必要花一些时间专门阅读相关书籍。

③高尔夫的礼仪

商业交往离不开诸如高尔夫球这样的活动。早年我就曾因高尔夫球技不佳差点儿丢了一笔生意，甚至一度被这些球类活动的场合拒之门外，因为大家都知道了我不会打高尔夫球，这极大地影响了我的魅力值。后来我专心训练，极力提升球技，还赢得了华盛顿当地一次企业家比赛的冠军，才使我重新在高尔夫球场找回尊重。

如果你球技好，这样当你与客户一起打球时就不必担心了。一场愉快的球赛能够增强你与对方的默契感，改善或展示你的形象。你要知道，重要的不仅是球技，还有礼仪和球风，后两项表现不佳对于生意有不利的影响，对于魅力的伤害那就更不用多说了。

还有一个常识是，今天准备请客的人更愿意请你去打高尔夫球，而不是去吃饭。这就证明了高尔夫礼仪相比于吃饭来说价值——只要你肯花大功夫使自己成为高尔夫高手，你在重要客户的眼里就会是一位受欢迎的人士，你就拥有更多的机会去向他们兜售你的想法，说服他们投资你的项目或购买你的产品。

在球场上，人们会通过你的球风来判断你。比如你切不可把你的手机带到球场上来，因为那会扰乱比赛。在准备动作时，你不要做太多的挥杆动作，虽然这是小事，但却会延误比赛，让人心烦。人们会格外注意这些细节，并决定是否与你做生意。

■口才训练

英国首相丘吉尔曾说过一句话：你能面对多少人讲话，你的成就有多大！讲话的能力有时是一种天赋，但更多的时候却需要经过严格和正确的训练。一个人不需要害怕自己在讲话时没有词汇，没有阅历，因为每个人的故事和经历都可以成为你用来发表一篇完美讲话的素材。锻炼出众口才的关键是要敢讲多讲，且多运用新名词去表达。你不要害怕失败，也没有必要总是在开口说话时追求完美。

在口才训练中，你要经常运用各种渠道去说话，抓住一切机会去挑战。基本原则是你应多和陌生人沟通，即使在公交汽车上也要尝试去善意地同旁人交流。不管人多人少，你都应抓住机会，不做那个让人忽视的沉默者。

1、朗读和朗诵的训练。

你可以每天坚持朗读一些文章，既能锻炼表达能力，又能积累一些知识和信息。

2、对着镜子的训练必不可少。

你可以在起居室或办公室的某一墙面安装一面镜子，每天在朗读的过程中，去对着镜子训练。这种训练是综合性的，既能训练口才，又能训练自己的眼神和表情，以及肢体语言的协调。

3、录音和摄像的方式。

在训练过程中，每隔一周的时间，你都可以把自己的声音和演讲的过程拍摄下来，存放到电脑上进行反复地观摩，通过观看，发现自己的缺点，比如哪儿卡壳了，哪儿的手势没到位，哪儿的表情不自然；并发现自己的强项，哪一种表情最适合你的形象，哪一些用词最符合自己的身份，最能引起共鸣。时间一久，你就能综合提升自己的口才和说话的魅力。

4、你可以试一下躺下来朗读。

我在口才训练的课程中提供了一个非常简单但极为有效的方法，推荐学员们都尝试一下在晚上睡觉前躺下来大声读书。每天早晚各一次，每次坚持十分钟，既可以读书，也可以唱歌。因为当我们躺下来时，必然就是腹式呼吸，腹式呼吸是最好的练声和练气的方法。你只要坚持一到两个月，就会发现自己的呼吸流畅了，声音洪亮了，音质动听了，而且更有穿透力和磁性了。

5、角色扮演的训练。

在培训过程中，我经常会让参与者以协作的方式进行角色扮演，这是一种情境模拟训练法，组织一个人进入角色去演讲和说服他人。比如去扮演律师和市长，扮演企业的领导者召开动员会，扮演不同的人物，去进行说服力的实战。在这个过程中，主要是语言上的角色进入。训练的目的，则是为了培养人的语言适应性、个性，以及适当的表情和动作。

■幽默感的提升

一个人的魅力是如此重要，所以当我们展现时，决不能过于严肃。真正的魅力是举重若轻的，刻板的权威和严厉的威望都会让人望而生畏，只会惧怕与憎恨，而不会对你产生真正的尊重。对我们来说，魅力训练的目的是改善你的形象，建立你的影响力，因此幽默感是非常重要的一项要素。幽默会吸引人们注意你，而一旦他们注意到了你，就会认真地听你说并且只会听你说。

在幽默感的提升和训练中，你要遵守下面这四个基本的原则：

1、以幽默促成交易的技巧

幽默绝对能成为建立关系和促成交易的敲门砖，这是毋庸置疑的。有一位著名销售员在向医院主管推销避孕用具时，他巧妙地变了一个小魔术，手里拿着一个泡沫塑料的小兔子，先把手合上，然后再打开，结果他的手里一下子变成了10个小兔子。医生眼前一亮，心情顿时变得特别舒畅。结果，他成功地与这位主管达成了一项销售协议，卖出了许多避孕用具。因为该主管对他的推销之术有了深刻印象，并且非常喜欢。

2、切记不要以玩笑伤人

你要知道的是，幽默虽然能够大大地增进你与客户的关系，但若运用不善，同样也能毁掉它。这是我强调的第二个原则，你尽可以风趣待人，但你必须真正地了解你的听众和目标。换言之，明白说什么与明白不能说什么同样重要。因为没有什么比玩笑伤人能够更快地丢掉客户了。一句无心之语在你看来是一种幽默，你想调和气氛，出发点是好的，但在对方看来，可能你这句话已经戳中了他的痛点。伤人的幽默必会给你带来巨大的损失，引起对方的反感。所以，这方面的培训是必不可少的，而对一名格外注意自己形象的人来说，幽默自然不可跨进雷区。

3、以幽默集中下属的注意力

一名经理人可以没有严格的手段，但他一定需要幽默来集中下属的注意力并建立自己的良好形象。有一次我去某公司旁听他们的年度会议，有一位经理就做得特别好。他知道自己所讲到的议题是员工不感兴趣的，于是他设计了非常有趣的幻灯片，与他的主题联系在一起，在讲述中心议题的同时，还向员工普及了宠物知识。这让员工听得津津有味，没有一个人想要离开会议室，而且大家也都明白了他的意图。在他走下讲台时，台下响起了雷鸣般的掌声。无疑，这是最大的褒奖。

4、以幽默创造轻松工作的氛围

团队工作中的幽默是"魅力"训练的关键目的。因为在工作场所，再没有什么比幽默更重要了。如果你能使气氛轻松下来，所有的人都会干得更好。但如果你总是呆板着脸和皱着眉头，所有的人都不会快乐。最终不快乐的人，一定就是你。团队幽默可以与一些短小但有趣的笑话结合在一起，适当的时候讲一些笑话能够让员工们放松紧张劳累的情绪，使他们经过短暂的调整之后，重新激起工作的活力。并且，一名具备这种能力的主管人员，是最受属下欢迎的，这也正是管理者魅力的基石之一。

■总结

事实上，我们无法列出最为明确的数据告诉你，通过这种全面的魅力提升对于增加你的事业和人际关系能起到百分之几的作用。这种提升更多是源自于你自己的人生计划——它会在你实现自己的各项计划和工作的进程中起到不可预估的巨大价值。尽管无法精确地预测，但我仍然可以告诉你，在这个世界上，所有的人都喜欢和热情、风趣以及生气勃勃的人打交道。人们喜欢跟自信的人交往，并发自内心地崇拜那些有领导气质和人格魅力的人。人们愿意跟这样的人交往，而且倾向于跟他们做生意。事情其实就这么简单。

【完】

图书在版编目（CIP）数据

魅力 / 苏大卫著. —北京：中华工商联合出版社，
2019.12
ISBN 978-7-5158-2627-1

Ⅰ. ①魅… Ⅱ. ①苏… Ⅲ. ①个人－修养－通俗读物
Ⅳ. ①B825-49

中国版本图书馆CIP数据核字（2019）第244527号

魅力

作　　者：苏大卫
出 品 人：刘　刚
责任编辑：于建廷　效慧辉
责任审读：傅德华
装帧设计：宋晓亮
责任印制：陈德松
出　　版：中华工商联合出版社有限责任公司
发　　行：中华工商联合出版社有限责任公司
印　　刷：三河市天润建兴印务有限公司
版　　次：2024年1月第1版
印　　次：2024年1月第1次印刷
开　　本：710mm×1000 mm　1/16
字　　数：235千字
印　　张：16
书　　号：ISBN 978-7-5158-2627-1
定　　价：52.00元

服务热线：010－58301130－0（前台）
销售热线：010－58302977（网店部）
　　　　　010－58302166（门店部）
　　　　　010－58302813（团购部）
地址邮编：北京市西城区西环广场A座
　　　　　19－20层，100044
http://www.chgslcbs.cn
投稿热线：010－58302907（总编室）
投稿邮箱：1621239583@qq.com

工商联版图书
版权所有　侵权必究

凡本社图书出现印装质量问题，
请与印务部联系。
联系电话：010－58302915